小白云身心疗愈法

Little White Cloud Mind-Body Healing Therapy

看见你的不可能

毛曼 著

何兰 整理

中医古籍出版社
Publishing House of Ancient Chinese Medical Books

图书在版编目（CIP）数据

小白云身心疗愈法：看见你的不可能 / 毛曼著 . -- 北京：中医古籍出版社，2024. 7

ISBN 978-7-5152-2832-7

Ⅰ. ①小… Ⅱ. ①毛… Ⅲ. ①心理学—通俗读物 Ⅳ. ① B84-49

中国国家版本馆 CIP 数据核字 (2024) 第 078957 号

小白云身心疗愈法：看见你的不可能

毛曼　著

策划编辑　杨淑媛
责任编辑　吴　頔
封面设计　王　磊
出版发行　中医古籍出版社
社　　址　北京市东城区东直门内南小街 16 号 （100700）
电　　话　010-64089446 （总编室） 010-64002949 （发行部）
网　　址　www.zhongyiguji.com.cn
印　　刷　北京市泰锐印刷有限责任公司
开　　本　880mm×1230mm　1/32
印　　张　9.125
字　　数　234 千字
版　　次　2024 年 7 月第 1 版　2024 年 7 月第 1 次印刷
书　　号　ISBN 978-7-5152-2832-7
定　　价　98.00 元

走进内心·疗愈情绪和身体

内容介绍

CONTENT INTRODUCTION

本书是朵朵开身心疗愈平台创始人毛曼老师所著。

全书分为五章，包括小白云的概念、学习方法、技术操作、案例实录、操作答疑。

这是一部非常实用的自助心理学指导书，也是一部通俗易懂的入门级疗愈读物。主要讲解如何呼吸放松，观察自己的症状，描述出感受，经过积极心理引导达到清理身心的作用。看完本书将会改变人们对身心疗愈的神秘印象。作者通过大量实践案例和操作问答，帮助读者一步步掌握实用技术，带领读者走进自己的内心，调动自己内在的力量，活出稳定平和的状态。

序

SEQUENCE

——中国台湾脑波研究学者
张韶芹博士

如果说，这个世界是由我们的心所彩绘出来的，那么小白云就是水彩笔，让我们如工笔画式般的微调修改我们的世界。

我是一位研究脑电波的工作者，研究脑电波在意识与潜意识状态的表述。在研究潜意识与催眠态的时候我认识了毛曼女士。她提供了大量的研究样本以及催眠的知识，让我在研究中取得了良好的成果。在与毛曼女士探讨的过程中，催眠领域里浩瀚的学问使我惊艳，我了解到催眠并不是只有意识与潜意识的差别，还可以更深层地探讨如何进入潜意识的具象化的引导，还有在大我与小我沟通的深层潜意识层次上的差别，有了这些过程的描述，才能真实地与脑电波作出对应。

在研究意识与脑电波的过程中，我们观察到一些有趣的规则。其中一个就是要想修改一个维度必须要从比它高一阶的维度来操作。例如，从五维可以对四维进行操作，从四维可以对三维进行操作，而小白云就是让人与更高层阶的维度产生锚定，再对目前的维度进行改变。

而这个改变可以是立刻改变，也可以是慢慢地朝着一个方向改变。不太严重的问题，会感觉到立刻改变，但若是一个大方向的问题，当改变了问题的缘起的时候，它就会慢慢地改变。 而这个原理，就像是《道德经》上说的那样。

常无，欲以观其妙；常有，欲以观其徼。

在这里我们可以理解为：在潜意识状态中，我们可以脱离时间空间及我们对一般事物形态的狭义的理解，细微地去看问题的本源。而在小白云里面，我们的潜意识可以主动地去操作一些事物的时候，且在不违反它存在的合理性的情况下，去改变逻辑范畴的边界，那事情就会慢慢地改变。

现代的脑科学与量子物理学不断地把无形的意识变为有形的科学，一个可重复可验证的科学。其中小白云就是一个最经典的案例，一个可以标准化的操作，进而解决现代人生活中的一些问题。

如果说，这个世界上的万事万物与各种现象的变化，是由我们的意识所反映出来的，那小白云就像是可以除掉我们有色眼镜中的杂色，让我们可以更真实地看清楚这个世界以及现象的发生，不被外相所迷惑。

感谢毛曼老师研发了这一套系统，能更快速地帮助人们找到解决内心困惑以及情绪问题的方式，从而找回内心的平静与和谐。

前言

INTRODUCTION

在深度的寂静中，
内心升起一朵自然、圆融无碍、滋养生命的白云，
通透而明亮。
化成一束光，
划向夜空。

心理行业的探索者、研究者、践行者……

十多年来，我的主要时间和精力都在实践催眠疗法的应用，以及和身心疗愈相关的落地化解决方案上。在不断地实践中，将催眠技术与东方传统修炼方法进行融合互补，目标是把中国古老文化与现代的科学理念相结合落到实处，小白云技术研发确定了这个目标后立即联合脑波科技公司张韶芹博士与浙江大学电子信息学院李宇波教授联合成立人工智能心理分析及测评联合实验室，首批收集三百个案例资料，将取得的生物反馈做成数据模型，严谨地对比解析，增加实操的标准化以及安全性。历时两年，经团队上万案例数据统计证实了这种取东西方所长的研发思路的优势，近万名来访者都获得了不同程度的身心调整和康复。经过两年多的试练、验证，终于有了今天小白云疗愈技术的正式推广和普及。小白云疗法尤其对各类疼痛、焦虑、抑郁、强迫症以及青少年综合心理问题等有显著效果。

随着社会的高速运转而产生的错综复杂的信息纠缠，人们的身心问题也呈现出与环境相同的复杂性，人们迫切需要对身心健康有更宽泛更深入的认识，尤其是现在年轻的一代，他们除了有被疗愈的需求，也更加渴望探求生命的真谛。

人们都希望在某些人生至暗时刻能有方法去穿越迷障，回归光明，重获新生。

人类对生命身心整体的探索是一代代共同的愿景，从未停止过。中国历史上记载过很多先哲宗师对生命、自然、宇宙的探索，并留下了大量身心合一、天人合一的宝贵经验，我所做的就是在这个宝库内选取一些零星的碎片，再把它镶嵌在现代心理疗愈的技术模型中，成为操作方便的心理治疗方法，帮助正在陷入身心困扰的人从痛苦中解脱来。

我为什么这样说呢？

先了解一下现代心理学概念，这门学科源自西方，是以德国哲学家、心理学家冯特创立了第一个心理实验室为标志，从 1879 年到现在仅百年多的历史。打个比方，用现代心理学知识去理解人类身心灵的问题，就如同用手电筒照亮夜空，它所照亮的部分不但有限而且微弱。如果有更多的工具增加照射面积，就会让更多的心灵被看见，并因此得到适当的疗愈。

东方文化中有丰富的工具可以使用，于是工作中不断地将这两部分知识的规律相融合，最后嵌入心理学理论框架的形式中，达到技术标准化、步骤化。在技术试验过程中，我们幸运地一直得到脑波科技团队的支持，共同做疗愈前后测量数据对比，通过心理主观和生理客观指标循环佐证和提升疗愈的功效。

在这里，为了大家更好地理解小白云技术的操作原理，我们稍加一些脑波的科普：

大脑是人体最精密复杂的器官，现代脑科学是研究脑认知、意识和智能的本质与规律的学科，是人类理解自然和人本身的终极区域。人的大脑由数以万计的神经元所组成，脑电波就是这些神经元之间活动所产生的电信号。

在心理学应用上，把常使用的脑波分为四大类：

β 脑波　α 脑波　θ 脑波　δ 脑波

β 脑波

14 ~ 16Hz 是人类精神集中或紧张和情绪激动时出现的脑波。消耗能量很大，人容易感到疲倦。

α 脑波

8 ~ 13Hz 属于“正常人脑意识”的电波。在没有外界刺激的情况下，其频率比较恒定。α 波是连接人的意识和潜意识的通道，是人进入潜意识的唯一途径，能促进一个人的创造灵感的产生。

θ 脑波

4 ~ 7Hz 属于“潜意识层面”的波。存有记忆、知觉和情绪，是人类创造力与灵感的来源。深度冥想或处于似睡非睡的状态，也属于集体潜意识记忆的一种波。

δ 脑波

0.1 ~ 4Hz 属于“无意识层面”的波。即睡眠波。

从身心健康角度看

β脑波：意识波。专注，紧张，焦虑，对立。

α脑波：放松波。平静，深度思考，自愈，静心。

θ脑波：潜意识波，又称佛陀脑波。极度放松，修复力强。

δ脑波：睡眠波。深度睡眠时会出现。

负责小白云技术中脑波检测项目的张韶芹博士一直专注在禅定中的脑波状态的研究领域，大量的数据准确地呈现出人们在禅定状态下的脑波状态为持久恒定的健康波 α 或修复波 θ。中国古圣先贤们的修行体验与现代科学验证总会出现和谐的共鸣。

这些客观存在、亘古不变的规律，开启了我更高维度的意识与灵感，十几年来每日的禅定训练让我深刻地领悟到：禅定中的放松无我，“空”是所有心理疗愈的基础。

如何快速直接到达身心意深度放松状态，开启每个人内在的力量，清理身心的问题，得到最根本的疗愈成为我的清晰目标。认准方向，坚定不移地去行动，反复地体验，在相似的技术范围中整理合并。像炼丹炉一样，去其糟粕，粹取最绝妙的精华……一千多个日夜，感谢团队成员和来访者的信任支持，收集整理了数以万计的案例，有了今天这部《小白云身心疗愈法：看见你的不可能》。

这个方法可以转化我们固化的经验和观念限制，将头脑心灵中的杂念与情绪清理掉，人们可以回到自然的根本态（α 脑波），利用深度放松将失衡紊乱的生理状态调整回自然的状态，从而达到身心自愈。

在这部书中，我将会给大家详细讲解学习与操作方法，并引导大家用最简便的疗愈方式，有效地调整和治疗身心问题。所有的人都可以通过书中的方法体验到生命更多的可能，并且可以通过学习这个技术帮助到身边有需要的人。

目录

第三章
小白云疗愈的实操详解 / 39

第四章
疗愈案例 / 111

第五章
操作答疑 / 241

第一章

chapter one

带领读者走进自己的内心，疗愈情绪和身体，

活出一个喜悦富足的自己。

认识小白云

一　身心疗愈工具

如果你愿意相信不同脑波发出的不同频率可以影响人们的身心健康，那么请**改变旧有的认知模式，试着开放你的意识，开启你内在的力量，**尝试练习一下，看看会发生什么。

经过多年的测试，上万个案例的总结，证实小白云身心疗愈法的疗效稳定没有任何副作用。希望小白云身心疗愈法可以让每个生命质量都获得根本的提升。

关于小白云的身世：小白云来自回溯催眠中潜意识的一段智慧传递。把来访者的痛苦烦恼都放到白云上，让白云带着它们飘走……

空中的云朵柔和似絮，像羽毛一样轻盈飘浮，给人自由、放松、超脱的感觉，它包容万物，让人温暖安宁。云在中国文化中被赋予了一定的象征意义：顺应万物，与万物相融，升腾聚集，无量无边。

所以，云相对于其他工具有不可替代的优势，在操作上咨询师们利用白云的特点，顺势而为地过渡到静功中合一的“空”的境界体验中，**让人们在放松的状态下，激活自愈机能，深度体验天人合一，这样除了达到疗愈的目的，还会收获整个生命境界的提升。**

小白云框架结构中“合一”的理念，是深受一些坚持修炼的良师益友启发所形成的，在此非常地感恩各位同行朋友与师长的引领和指导。

小白云技术就是将很多催眠技术与心理治疗技术打破再重组，不断地萃取提炼，每个技术方法都需要在生活中验证才有说服力。小白云技术在实践中短、平、快的特点，避开了学术中冗长繁杂的形式，如果说咨询师们的技术比别的方法更便捷实效，那是因为站在了巨人肩膀上。

二　一种简便的催眠术

催眠是一种心理治疗技术，是通过科学的方法，让人了解到真实的自己。在某些情况下，催眠可以帮助人们改变行为习惯、提高自我意识，它在心理学、医学、教育等领域都得到了广泛应用。

催眠的原理是利用人类思考的两个不同层面：**意识和潜意识**。平时清醒状态下，意识是占主导地位。催眠过程是让人的意识专注于休息状态，这个时候潜意识被激发并占据主导，进入一种潜意识和意识同时开放的状态，**催眠就是越过意识直接跟潜意识沟通。**

催眠是各种身心疗愈方式总的载体，它囊括了心理学、生物学、生理学、医学、人类学很多内容。催眠术既是古老的，也是年轻的，每个年代都有不同的表达形式。但是无论它的形式怎么多种多样，都离不开三个根本要素：

放松 relax	专注 focus	引导 guide

小白云技术即是催眠形式之一。

三 有效的疗愈方法

小白云技术的精髓是通过**放松引导，心锚确定，清除心锚，体验合一的空境，达到疗愈。**技术操作重点是通过增加感知力，达到放松与专注的平衡，帮助启动自身的内在力量，通过想像力与创造力达到良好的身心状态。笔者团队使用心理学上心锚法的概念，这是因为人的某种情绪与行为，和外界的某个事物的连接会产生条件反射，这会帮助人们达到专注与放松间的平衡。

电视中曾播出过一档节目，节目组邀请的催眠师随机选取了 15 名观众，要求这 15 名观众凝视她带来的狗的眼睛，不一会儿，15 名观众中，11 名观众被成功催眠。一位被催眠者说，狗的眼睛像漩涡一样，一下子把她吸进去了。当大家看着狗狗的眼睛时就进入了催眠状态，人自然就倒下来。这个“眼睛”就是心锚。

小白云技术操作是通过有步骤、有层次的感观引导去帮助来访者建立心锚。完成这一步，操作已成功一半，来访者大脑已进入到疗愈的 α 脑波或 θ 脑波，为最后的清除环节打下牢固的基础。清理心锚是通过积极地心理暗示催眠方法，让放松态逐级递进加深，感受身心完全放“空”，此时疗愈效果才会呈现稳定状态。

四　咨询师的成长

在小白云技术使用中，咨询师的学习成长包含着两个层面：

一是不断地落地实操，总结经验，为他人提供帮助。二是提升自己，通过践行小白云技术时的自我体验让自身能量频率高于或者覆盖被治疗者。

这是完全可以做到的，因为帮助他人和自我成长本身就是一体。通过自己践行小白云技术，提高自身良好的身心状态，并且能深刻领悟：当生命回归自然平衡时，身心问题也就被清理、被疗愈的真相。

学习小白云技术不是生搬硬套的模仿，重点是自己践行和与他人操作练习，让自己达到平和安宁的身心状态，只有自己深刻理解了其中的内涵，再指导他人时才会有的放矢，这样才能更好地运用小白云身心疗愈技术。

第二章

chapter two

带领读者走进自己的内心，疗愈情绪和身体，

活出一个喜悦富足的自己。

小白云技术学习概述

一　学习小白云要过三关

第一关，境界关。咨询师要在境界上有所突破。

什么是“境界”呢？字面解析，**境界是一个人的修为、觉醒、造诣、悟性、慧根、智慧的综合体，简称为境界。**你能容纳多少数量级的信息就决定你在哪个境界。如果你接收了宇宙整体合一的信息你就是无量的境界。当你突破边界，打开心念，就提升了境界。

操作小白云技术就需要咨询师有较高的境界，能放下主观评判的束缚，放下“我觉得他应该怎么怎么样……”

境界决定了解决问题的思路，境界高的咨询师提出的所有问题和给出的答案都是开放性的，所以资源都可以为我所用。来访者本身就是资源，他们的负性症状也是资源，咨询师和来访者的咨访关系也是资源。道理很简单，如果没有境界的提升，没有切身体会到技术的精髓，那么咨询师就很难达到既灵活多变又简单有效的操作水平。

如何提升境界，笔者个人的经验建议

01 **坚持静功练习**，静功的好处在这里就不赘述了。

02 **养成使用小白云清理身心的习惯**，让心身更多地处于“空”的状态。清理曾经的执着，清理一切负面的念头、记忆，凡能清除掉的，当下发现当下就清，不让它往心里去，这是一个“进行时”的训练，头脑和心会慢慢静下来、定下来。没有情绪包袱，没有恐惧焦虑，境界自然就提升了。

小白云技术的自我训练，可以帮助人们的身心在放松与专注中达到平衡。专注是一个基本的指令，这个基本指令会让人的生活整体朝着一个目标进化。但是如果一味地专注会让人们身心疲惫，从而成为障碍，此时放松会让人们减轻负担，让力量发挥地更好。

真正的高境界，就是在放松和专注之间，也就在有意和无意之间。好像什么都没刻意去做，只是顺其自然就可以把事做好。大家如果仔细观察，在生活中会发现一个规律，真正有境界的高手，他们看起来总是幸运的，因为他们能在恰当的时间，出现在恰当的位置上，轻松地把一件事做成。

所以，每一次的小白云操作都可以训练有意无意之间的平衡，只有通过放松与专注，人们才可以体验到身心物的合一，这是境界改变的关键，所以小白云既是身心疗愈技术，也是大家用于自我修炼的方法。**要重复感悟这种练习带来的解脱束缚、身心舒畅的感觉，这种感觉会不断地改变自身、影响自己，从潜意识到表意识双重改变自己的心性。**一个人如果有好的状态做事就在点子上，一出手就是刚刚好，这就是境界。

冥思苦想，反复分析算计，那个不是境界。

第二关，信念关。信念是相信，信心。

所有人的信念都是从心这个本质产生。信念是强大的精神动力，没有信念万事难成。

修练的终极目的就是足够相信内在的无限能量和生命的

无限可能性。如果你还没有相信，是因为自己还没有解读信息的能力。宇宙的一切，身边的一切事物、现象，都在给人们送信，如果读不懂这些信息，心就会拒绝相信。

如何去读取这些信息，就是人们的立身之本。人们一切的经历都在这个模式中展开，这就是信仰所在。有人用科学的方式，有人用宗教的方式。被证实到的，接收到的才是最根本的信息。真正的信心，可以接受任何的质疑和检阅，它无法被撼动。

咨询师通过小白云技术的真实体验，证实接收到了意识的力量，才会建立起牢固的信心。小白云的清理疗愈可以改变僵化的思维、认知、习惯。人们恢复了身心健康这就是宇宙回馈的信号。咨询师接收到的信息越多，信念越强，其技术就能越纯熟。

信心能产生奇迹，它来自内在的认识 + 积极践行验证。**如果选择了一种理论或信仰，去相信、去实践，就会有结果。**从认知上，要深刻理解小白云身心疗愈技术的内涵；放下个体主观的、局限的思维去解决问题。直白地说是放下理性逻辑的小我部分，通过无意识状态去解决问题，把问题送到高维空间。人们进入无我状态就会体验到心神合一，心物合一，天人合一的境界。这其实是东方文化的根基。古老文明中修练、禅定、站桩等等都是洞悉了这个根本实相，总结了很多看似简单却可以把身体带入自动调试的方法，在无意识状态，身体自己就会把不均匀的能量进行平衡，把无序慢慢转变成有序，让身体保持和谐健康。

当咨询师们更多地体验到这种力量，内心就越会建立起更加牢固的信念，技术操作也就会变得简单容易。

第三关，操作关。其技术操作要点为清晰、注意力、实践。

技术操作的第一要点：清晰。

在小白云技术的操作中，清晰就是咨询师心里非常清楚每一个动作，每一个流程的目标所在，要做什么，把来访者带到哪。如果咨询师对终极目标还不清晰，或者经常在操作过程中偏离目标，说明咨询师没有把技术理解透，需要继续地提炼这个目标。人每一天、每一年，甚至这一生，有没有一以贯之的中心思想？就是人们常说的主意。**如果咨询师是一个有主意的人，且很清晰，不会被轻易干扰。清晰就是力量。**

第二个要点：注意力。

注意力在哪里，哪里就在生长。学习的重要部分永远不是技巧，而是学习能力。学习能力的提升非常重要。然而，每天进步多少，每个人是不同的，有的人可以一日千里，有的人千日一里，差别就是注意力用在哪里。

咨询师把注意力用在提升境界、坚定信念、清晰操作上，一定会在整体上得到巨大提升。

第三个要点：实践。

实践是检验真理的唯一标准，在集体中学习，不断总结，所有的实践经验聚在一起再裂变成大数据模型，助力技术与境界的转化，践行信念，就会找到属于自己的内在力量。

二 小白云操作前的准备概述

小白云疗愈的准备工作包括

找出待解决的问题、向来访者介绍技术，以及评估问题对来访者的影响度。

在双方互相了解建立信任的开始，咨询师要介绍小白云技术，如何介绍需要因人而异，如果来访者是理性的、唯物的，可以讲讲放松、观想与禅定，都是传统修炼中的一些基本常识，现代科学的解释也很全面并不神秘，也可以简单地讲脑波和潜意识，总之不要把问题复杂化了。

1 访谈

访谈主要目的是记录来访者的基本信息，然后再确定需要解决的问题。简单地说，**访谈就是两件事：一件是向外传递。另一件是倾听，比“说”更为重要的是会接收和理解。**咨询师要听一能关联三，认真倾听和接收，听明白了再展开细节向来访者提问。

合适的访谈状态是很轻松的，把轻松自然的过程定为访

谈目标，随时用这个目标衡量自己状态，就对自己多了一份清晰的觉察，觉察的当下即提升。

小白云的疗愈基础就是放松，从访谈就要轻松，咨询师既不是他人的人生导师，也不是心理医生，咨询师就像做游戏一样去引导，就可以切实地帮助到他人，这是小白云技术的独有优势。

2 确定问题

小白云访谈不需要深刻的提问来访者原生家庭婚姻事业等等，只需一问："你哪儿不舒服？"

访谈的唯一目的是了解来访者的状态，与来访者一起商议、确定当下最需要处理的症状。咨询师不是做分析诊断，咨询师只关注来访者对症状的感受，每次只锚定一个症状，专注在一个问题上，逐一逐次解决来访者的问题。

3 评估分值

最后要让来访者评估这个问题的影响度并进行评分，评分是做个量化的标记，清晰地记录来访者的感受变化：0 ~ 10 分，0 分为影响度最低，10 分为影响度最高。经过访谈掌握来访者的基本信息，确定要解决的核心问题，再评估它的影响度，之后很自然就进入下一个放松环节。

三 小白云放松阶段的概述

放松是小白云身心疗愈法起效的开始，也是根基。

大家要特别重视放松，放松是所有身心问题疗愈的基础，放松的收益会远超出大家的预期。人们在日常生活中太缺乏正确的放松状态了，放松并不是通常大家理解的各种休闲方式或休息，而是需要练习的，它是通过整体身心息调整，三调合一达到放松状态。好的放松体验既能启发人对身心整体观念的理解，也为之后的技术操作打下牢固的基础。

放松环节包括

调整身体	觉察呼吸	觉察不适	释放不适

① 调整身体

调整到正确的姿势可以帮助来访者正确的放松，松而不懈，既松开束缚又能提升自己的正气。

② 觉察呼吸

觉察是帮助自己离开对头脑的依赖，不被头脑捆绑。及时觉察专注当下。要练习自己的觉察能力，深度的觉察是通往高我、提高生命维度的关键。

觉察的第一步是将意识关注在身体内，感知吸气、呼气，气息在身体内进出上下。觉察呼吸可以发掘人们的内在空间，并体会到一个实相：生命是源于不受制约、无形无相、永恒的能量。**在觉察自己的呼吸之后，能有更精微的感知力，觉察呼吸的重点是只去观测，不改变和影响呼吸，不要受主观意识的干扰。**科学的解释：测量创造实相，观察就是测量，测量结果由观察者的主观意识决定。观察者的主观意识越强，就越影响测量结果，答案就越失真，但是观察者却不知道。然而，越客观纯粹的静观，觉察的结果就越精准真实。

3 觉察不适

很多身心疲惫的人处于钝感和机械状态，对应的办法就是觉察。越是不会觉察身体，就越脱离人身心的实际。比如只能感觉到乏力、累，其实真正的问题在身体内，可能心是“紧”的，可能气是乱的、是堵的，人察觉不到，它只会越来越严重，直到它成为实际存在的病，但当不适被觉察到的时候，身体会自我修复。

4 释放不适

来访者经过觉察，对自己的身心状态有更灵敏的感知，可能会出现强烈的疼痛或其他不适，咨询师只要引导来访者通过呼气释放出这些不适疼痛就可以缓解。借助呼气的生理功能引导来访者顺势排除杂念和负面感受，相当一部分人在做完这个放松流程后，甚至不需要再往下操作，就已经彻底解决问题了。

西方与东方心理学的理念是不同的，经典的心理精神分析是由**心理医生来观察患者，帮助患者发现问题，引导患者意识到自身问题，然后再让患者自己找到这问题出在哪里，然后患者自己去处理。**所以，心理医生们治愈一个患者常常需要几年甚至几十年。因为患者很容易陷在问题中反复循环，问题永远是解决不完的。小白云疗愈是从自我觉察开始，及时觉察、及时清理，不仅仅是解决问题，而是让问题不再发生。

四　小白云具象心锚过程概述

用具象化思维找出心锚是小白云疗愈中非常重要的一步。

这一过程就像打仗，本来敌人在暗处，我们要先把它活捉，放在明处才好处置，这个心锚可以理解为潜藏的症状被呈现出来的样子。问题经由放松可以被观测到，由一种模糊的能量状态呈现出清晰的、方便处理的象征物，称之为心锚。

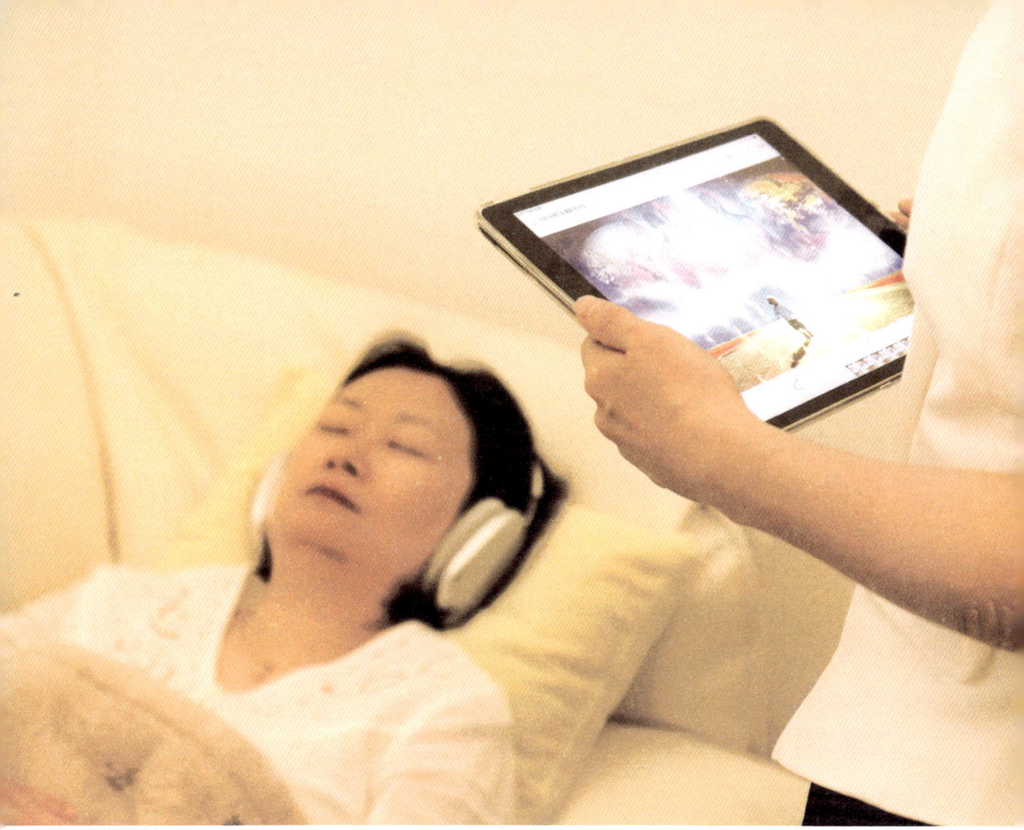

心锚是心理学上的一个概念：

人的某种情绪与行为和外界的某个事物连接产生条件反射，当条件和反射的连接模式衔接好之后，人的心锚就建立起来了。心锚是集思想、观念、感受、心境的综合情结产生的，在这个技术中，心锚这个概念对应身心的负面症状。

使用心锚便于提升表达的精准，如同物理公式必须要有一些代名词，否则可能输出和接收的不是一回事。

进行具象思维找出心锚，就是胜利的第一步。抓住了敌人，才能进行下一步的清除，也就是有步骤、有层次地彻底清除人们的身心病症。

将负面症状一步步从形象思维转换到具象思维就会呈现心锚，它是由来访者的具象能力和咨询师多角度的启发提问技巧来呈现的。

在小白云疗愈操作中全程都要使用具象思维能力。

催眠领域一些专业词汇的梳理：

- 抽象思维：利用已有词语或符号表示的概念，进行判断、推理的思维活动。也叫逻辑思维。
- 形象思维：运用表象进行认知操作的思维活动。在头脑中对已有的表象进行加工、改造，形成新形象的心理过程。
- 具象思维：是用物象调动全部感观感觉的思维过程，不是单一心理思维，它是心理活动 + 身体感受。
- 无象思维：一种超越已有框架、观念和想法，在特殊不受限制或约束情况下产生的无意识行为。不常用的。

在小白云技术研发的脑电波测试部分，脑波专家张博士设计了有趣的测试，观测来访者运用三种不同思维方式脑波生理指标的变化，大家了解以后就会对具象思维有更加清晰的认识。

- 抽象思维测试：被试者默念一句话，比如，“今天的午餐很清淡”，默念后，被试者大脑中闪现出这些词汇。
- 形象思维测试：想象清淡午餐的画面，被试者仿佛看到了清淡的午餐。
- 具象思维测试：感受清淡的午餐，被试者仿佛正在享用午餐并有清淡滋味的体验感。

举　例

- 抽象思维：比如，默念“我有一双明亮的眼睛”时，大脑会蹦出这些词汇。
- 形象思维：想象明亮眼睛的画面，看见了这个画面。
- 具象思维：感受到眼睛正在变得明亮。

测试结果是，同一件事用不同思维方式脑电波的信号完全不同。具象思维时脑电活动强烈，并且有肌电活动，肌电是身体肌肉电活动信号，它有促进脑电波传导和释放的作用。抽象思维和形象思维下，脑电信号弱，而且没有肌电活动。

这个结果首先说明具象思维是身心双重活动，因为他有脑电和肌电两种信号，证明具象思维是身心合一的思维方式。

但在日常生活中，人们更多地是使用抽象和形象思维，具象思维几乎只在身心灵领域适用。深刻理解了具象思维，对小白云的心锚概念就会理解得更清晰。

生活中，许多顶尖的知名运动健将在长期的训练中，摸索出一些具象思维的技巧，大家或许可以从中得到启发：拳王阿里自述，在比赛之前，他会用各种方法自我暗示、心理视觉化和心智排演。他会在脑海里一遍一遍彩排比赛胜利的每一个细节，细节到自己的大腿疲惫不堪、腹部有点疼痛、记者的闪光灯、观众对着他尖叫、裁判举起他的手臂宣布获胜……最终，他的大脑、心理、身体会非常熟悉地呈现出“胜利”。

这就是意识力量的无限可能。人们可以按照自己想要达成的目标去创建场景，先从简单的开始做起，有步骤地操作练习具象思维能力，体验心物合一的美妙境界。

咨询师理解了具象思维之后，会更加清晰操作心锚的方法。想象到的还不算，要再立体，身心都要有感受，通过引导问询位置、形状、体积、颜色、质地、味道、质量、温度，最后形成栩栩如生的心锚。

具象思维在身心灵领域尤其在催眠操作中非常重要。使用具象思维操作，就是把意识信念呈现出有形有相的结构。**如果意念力够强，而且持续的给予注意，意识结构就会越来越稳定，**最终意识可以来去自由不为身体形象所局限。

宋朝白云守端禅师曾经在诗中写下：

若能转物即如来，
春暖山花处处开。
自有一双穷相手，
不曾容易舞三台。

心能转物，具象思维就是转化工具，当转化发生时，身心物被立体的重新构建，就是扩充维度。小白云疗愈法可以帮助来访者转化维度去解决现实问题。

除了小白云技术，日常通过使用具象思维使生命得到改变的事情也比比皆是。讲一个笔者认识的朋友，现在 50 多岁了，青少年时有很严重的肾病，他处的那个年代这个病算是有生命危险的重症了。他在家养病期间偶然去公园里碰到一位练功师傅，师傅告诉他一个简单方法，只要坚持三个月一定能活蹦乱跳上学去，他半信半疑地每天坚持练习。方法很简单，就是具象思维，大概是每天对应不同方位补五行能量，面向北站立观想水对身体做清洗净化，再转向南感受到太阳的光芒……四面结束后再坐下观想身体和大地连接。他越想越真实，尤其观想太阳照射时，不管屋里多冷都会出一身汗，不到一个月身体完全变了样，直接回学校上课了。

他记得这大概叫清静功。现在依然在起效，身体素质非常好，事业也很有成就。他自己觉得仿佛从那时起就比其他人多得了天地之气一样。

从形象思维转化到具象思维，会产生身心物互转的潜能开发现象。它是超物理现象。具象思维可以验证很多身心合一的修炼方法。一般人对意识的认识是通过身体，比如瑜伽、太极、运动，就是通过身体来体会到心。小白云技术是通过有意识的具象思维，以心理感受为主改变身体，无论从哪里进入，目标的核心都是相同的。

瑜伽 yoga	太极 great ultimate	运动 motion

从心理学或脑科学角度去讲，这些学科对于心能转物的论述还不全面，将这两个方向合起来才是完整的意识科学。

通过具象思维操作心锚，让成像发生转变。这个技术在疗愈身体方面只是一个基本应用，若能举一反三，人们就可以扩展延伸生命无限的可能性。

五　小白云清除心锚过程概述

找到了负面感受对应的心锚后就要彻底地清除它，好像是把敌人从身体里面（外面）清除走，彻底清除包括将心锚分离取出、处理分离心锚后的身体创面，最后对心锚做清洁清洗，这些步骤可以逐渐加深整体疗愈的感受，是逐步恢复身心健康状态的过程。清除环节依然需要使用具象思维来操作，先将心锚清晰地浮现在意识层面，再通过具象行为消除它。所有沉积在身体内的不良情绪、不良感受，都会影响整体的生命质量。就像人们日常生活中的废物垃圾，把它们清理出去是一件必须要做而且长期要做的事情。这些心锚的象征物很有可能是疾病的全部，也有可能是疾病的一部分，但是不管怎么样，每一次清除都会让循环功能增强，那身体的整体能量就会增强。

清除心锚的操作过程除了能处理来访者的负性问题，还能增加来访者处置问题能力的训练。所以千万别忽视，这一步不是可有可无的。通过引导来访者发挥自主能动性，让他自己在意识层面去努力分离、疗愈和清理，这个过程会更加明显地减轻症状。

有少数来访者会选择在这个环节结束，他们将心锚取出来之后会很舒服，觉得问题已经解决，对后面“空”不感兴趣，觉得不重要了和他们已经没关系。虽然这样可能错过了最美妙的体验，但即使终止在这一步，疗愈后的症状影响度也会大幅降低。

事实上，小白云技术的每一个操作步骤都经过了不断打磨和提炼，随着大量的案例实践，技术的操作过程已经精简到逐字推敲，留下的几乎全是精华。

经历了分离取出、修复、清理，这一个阶段操作就完成了。

这是一个有仪式感的步骤，它代表了来访者与问题的正式分离，问题也有妥善去处。可以踏实地将心锚放上小白云飘浮并进入心理空境，体验整个疗愈的画龙点睛的魅力之所在。

六　小白云渐入“空”境的概述

小白云飘浮进入“空”境是加深巩固疗效必不可少的环节，也是技术的核心价值之一，这个环节一共要完成四个动作步骤：确认小白云，置放心锚，白云飘浮，白云入“空”。

小白云这个意识工具有得天独厚的优势。整个小白云技术的研发借鉴了许多心理流派的宝贵经验。**白云这个载体灵动、飘逸、安全、舒适，相比其他工具更能助力来访者转化思维解决问题，它是整个技术的精华。**

心理学中有一些传统的心理干预方法如保险箱技术，就是把烦恼放入保险箱打包封存，达到问题搁置转移的效果。它和小白云稍有相似，但仔细对比就可以领悟出小白云的超越，小白云的特性决定了它注定可以超越普通的逻辑思维。它是能够承载身心灵和谐统一的完美工具。

绝大多数来访者对云的想象都是放松的，因为云没有清晰的轮廓，没有过多的细节，所有和云产生关联的意境都是平和的。即使是乌云，它也是相对柔和没有危险的，所以白云进入空境阶段的操作相对顺利。进入心理空境的体验就如同不同阶段的人生位置，这是通过认知、技术与方法的不断“升级”，才会有的精彩部分，体验到“空”才会在“人生的游戏中”获得高段位，才可以傲视群雄。

百术不如一清，百技不如一心，“空”境就是最后的清和心。

这个理念的背后是五千年文明发展史的支撑，小白云疗愈的“空”境体验是从技术的层面发展到道的层面，实现了技术向更高层次的跨越。

七 小白云学习概述总结

小白云疗愈法的前半部分是通过引导来访者放松，放松后把要解决的问题通过视觉、听觉、嗅觉、触觉、味觉、知觉，呈现出心锚，一个具体的事物。比如头痛它的心锚可能是针，或者绳索，或者一个会跳的陀螺，等等。确定好具体的心锚后，再逐一操作分离、清创、清理、清除，最后使用小白云这个意识工具让问题彻底消失，这样的操作过程清晰精准，来访者只要配合就能改善身心状态，及时地从痛苦中解脱出来。

小白云这个载体与回溯催眠的升维工具一脉相承，交相辉映。

小白云技术作为简便易行的疗愈方法，可以改善情绪，解除痛苦，提升认知和境界，对每个个体、家庭、整个社会深有益处。

总之，在疗愈领域多如繁星的方法论里，只要专注地置心一处学透一种，领会其微妙和精深，把这个技术在使用中反复锤炼，才会成为最好用的法宝。

任何事都需要足够的熟练度才能做好。小白云技术的好处要自己先去练习体会，它不仅是理论知识，更是感性的体验，每个人都可以找到适合自己的练习方法，不断地重复去做，意识成长只能靠自己，谁也无法帮忙，终其一生，每个人都是自己内心真正的老师。

第三章

chapter three

带领读者走进自己的内心，疗愈情绪和身体，

活出一个喜悦富足的自己。

小白云疗愈的实操详解

一　操作前准备流程

这个阶段的操作包括三个部分：介绍、访谈、评估。介绍也可以放在最后。

1 介绍

因为这个技术流程非常简单，线上线下都可以操作，在互相都很陌生的情况下，咨询师要和来访者简单介绍一下小白云的功效。咨询师的介绍要专业、规范，技术介绍时要自然地推进。比如咨询师可以先询问有过疗愈技术体验吗？对催眠术有了解吗？然后再去介绍：小白云技术是朵朵开身心平台的经典传承，其原理是通过放松，深度想象，使用意识力量来清除身心病痛。

操作过程中会帮助来访者开启想象力，使用心灵意识的力量。来访者只需要放松，一步步跟着引导走，就会解决问题。

2 访谈

很多咨询师说最难的部分就是访谈，因为访谈没有标准，没有模版，常常不知道说什么。笔者觉得这个问题需要跳出访谈说访谈，语言的表达只是沟通方式的一小部分，咨询师和来访者能否建立良好的关系，真正起决定作用的是咨询师表现出来的整体状态。什么样的状态远比表达什么更重要。

人们常说用心的人最美，自信的人会发光。自信的人充满能量，会照亮他人。如果咨询师呈现出一种真诚自信的状态，哪怕什么都不说，或者说得简洁，一样在发散着个人的魅力，一样可以影响别人。

真正的技巧是在真实地做自己。在做自己的过程中，自然会涌现出灵感。

访谈的现实目的是记录来访者的基本信息、了解待处理的问题。原则上不问为什么，只问是什么：“你想解决什么问题？”但需要注意的是每次只能解决一个问题。正式开始的询问是来访者自己感受的呈现。

这个环节，有些来访者会描述得很具体：头痛、心里堵、浑身没劲、伤心、失眠、头晕、恐惧等。这些症状描述是感性的，比较直接。一般这些来访者配合起来相对容易，问题更好处理。

有一部分人会说得很概括：高血压、糖尿病、抑郁症、颈椎病、鼻炎等。小白云疗愈法肯定不是西医的解决方式，而是要去病名化。所以，最后处理的核心是落地到实际的症状中，比如高血压是恶心还是眩晕；比如糖尿病是饥饿感还是乏力；比如鼻炎是流鼻涕，或是不通气，还是痒痛。

还有一部分人会说得比较抽象：拖延、想减肥、厌学、失恋等。这些词汇也和病名一样，尽量把抽象的标题落到一个具体感受中，找到根源。比如拖延，有人会说，拖延时心里会泄气；也有人说，拖延的感觉是沉重。不管什么问题只要落到实处就很好处理。再比如减肥，再深入目标可以有两个思路，首先要解决心理层面的焦虑，其实很多人并不是肥胖带来的痛苦，真正的原因是焦虑带来的痛苦。其次解决生理性的胃部或身体的代谢失衡。所以最好不要直接将目标定为减脂肪，不好的情绪和习惯没改，只处理表象并不稳固。因为这是一个结果，不是根源。而且脂肪本身并不利于转换具象化思维能力。还有一个思路是在这个环节中任由来访者怎么说都行，先不管他，只要是来访者真心想解决的问题就可以，先让他把问题说出来，到后面具象心锚时，再慢慢引导他转换成具体感受。接下来可以再具体问：这些疾病或症状多久了？有过什么样的治疗经历？这些信息方便咨询师将案例信息记录得更全面。

小白云身心疗愈法确定问题时不要过多着力于生活，对于一些生活事件引发的问题，要引导来访者回到当下的身体感受上。

为了大家更好的理解，作者举个相关的例子：

举个例子

有个来访者是企业高管，她遭遇了一次严重的打击，一个同级别的部门经理在公众场合尖刻地抨击她，立场非常不公正，她当时情绪很激动头脑一片空白，甚至说不出话来反驳对方，事后她一遍遍的后悔。这事对她的打击超出了她的承受范围，她感觉自己失去威信和颜面，导致她浑身无力、失眠，甚至不想上班、不想见人。

访谈中她反复的陈述事件发生的细节，笔者告诉她：我们没法处理这件事，因为它已经过去很久了，对你当下的生活早没有意义。我们要解决它带给你的不好的影响，当你对这件事的感受变了，这事就没那么重要了。

她半信半疑，确定咨询目标时也非常纠结：是抹掉这段记忆？还是增加力量？还是调整睡眠？这时候很容易陷在理性思考中。所以笔者引导她先做了放松，放松之后她表述那天的真实状态是一种恐惧感，这种恐惧其实从小学开始就有，只是没这么严重，恐惧的心锚象征物是心的外部被包了一层膜，是这个膜让她失去力量，清除这个心锚后她感觉非常好。

这个案例表明，来访者只要放松下来，从事件中抽离专注到身心感受中，她自己的智慧和内在力量就能够解决问题。

小白云疗愈技术中的访谈就是帮助来访者先从某个执着的观点、某个困顿的状态转移出来，确定真正需要解决的目标。

3 评估

要给问题的严重程度打个分数，0 ～ 10 分。

分数的意义：分数越高越显效，这意味着来访者解决问题的需求清晰并强烈。5 分以下就比较含糊，可治可不治，代表的是内在动力并不充足，当然咨询师并不追求显效，但要做到事事心里有数，利于把握整体操作。

这是小白云疗愈很重要的一环，它既能形成一个鲜明的效果评估，又便于来访者接受这个笃定的事实。咨询师应该会有这样的体会：在漫长的催眠后，很多来访者醒来后第一句话就是，“我真的被催眠了吗？是不是我想的？”他们的信念不支持他们相信问题这么容易就解决了。

所以，在这个简便易行的小白云技术中，把这个服务环节做严密，对咨询师和来访者都有好处。

每一次访谈只确定一个具体的、不舒服的感受，只聚焦处理一个目标，下次访谈再处理另一个。比如是**失眠，还是无力，还是心里沉重，慢慢地一个一个地处理完了，人就舒服了。**也有可能一个处理好了，其他的症状也不见了。

无论是线上线下，咨询师都要把来访者的名字、信息、病名、影响度的分数等记录下来。线上的可以留存照片，以便增加疗愈技术的完整，以及帮助咨询师建案例档案。

做完这些准备工作，就可以进入正式的技术操作了。

访谈环节的难题总结：

值得一提的是，通常小白云技术的访谈环节是一气呵成的，但有下面几种特殊情况，需要调整节奏，把访谈当成独立的一次咨询，将其他内容调整为下一次咨询的后续内容。

第一种情况：来访者非自愿来访，态度消极。

这种情况基本青少年多，一般是被家长恳求或强迫来的，我们一定要稳定住来访者的情绪，不要急着操作。访谈时间可适当延长，既给来访者思想转变的空间，又要引发来访者的兴趣。这个分寸拿捏比较难，咨询师基本上要表现得不卑不亢。因为青少年的问题基本是父母的问题，父母不是过卑就是过亢。咨询师要和风细雨，不说教，也不妥协，可以直言相告。最终只有来访者自己接受，自己有意愿配合，才能体验到身心舒适、头脑清醒的效果。

面对青少年咨询师更要减少使用负性词，不是去改错，是提升、提高生命质量。第一次通过平缓的沟通和放松调整，让来访者浅尝即止，给他思考的空间，以退为进反而可能会引起他的兴趣，当然，形式感也是必要的。

举个例子

笔者在线上曾经治疗过一个叛逆青少年，他在自己的房间拿个圆规，一边说话一边玩，笔者问他为什么拿这个，他白了笔者一眼，说他不舒服了就拿这个扎自己，笔者尽量平静地说："你先把那东西放一边，如果扎能解决问题我们就不用继续做了。"他是不服气的，他说那就不聊了。笔者也没妥协，直接告诉他："我的技术值得被尊重，如果你不信任、不配合，我也不会浪费时间，我相信我可以帮你，但如果你不接受决不勉强。还有很多和你一样的人在等待我的帮助，放弃机会是你的损失。"结果一周后他又回来找笔者，态度有所改变，疗效也很好。

还有一个现象，由家长代预约的青少年大多都很抵触，并表达一个观点：已经找了很多老师，都没效果，这些只是买卖服务，没效果还会浪费钱。那些青少年并不会分辨技术的优劣，也不会尊重咨询师的意见。

笔者通常会深入浅出地介绍一下这个方法的渊源以及浅显的脑波知识，尽量化解孩子心中的疑虑："我们之间并不是单纯的服务，我们的技术需要配合，它是有效的，如果你相信我，我们一起努力，可能当下就可以体验到身心逐渐变好的感觉。好好配合，钱就不白花，并且超值。"

对严重叛逆的孩子，不要哄着他来做治疗，这会让咨询师的角色处于被动。当孩子的内心并不理解和接受时，咨询师在真实的表达中提要求、提标准反而会快速拉近彼此距离。

咨询师不要追求一次操作成功，要耐心的确认最合适的节奏。

第二种情况：情绪失控的成年人。

刚刚进入访谈阶段，来访者就哭得上气不接下气，只倾诉不倾听。这种情况建议调整咨询流程，第一次只做到访谈，或者加一些放松引导，不要全程操作，不要聚焦目标也不评分。一是来访者情绪平稳需要时间，话没说完情绪稳定不了，这个状态会影响后面的操作，索性就让来访者说够，但咨询师要告知解决方案：激动的情绪可以先释放掉，但激动会影响放松效果，依据实际情况，第一次主要在放松环节加强，随后准备一周时间自己练习放松。一周后再预约第二次，并且让来访者在这一周内自己觉察一下想解决的问题，这样的方案比较适合情绪波动大的人。

第三种情况：有疑难杂病的人。

诉苦、半信半疑、焦虑不安、抑郁无力、哀求咨询师的救助，这些状态过于外求，基本上遇到这些情况来访者只要做个放松就可以看出他们的通病：放松时坐不住，没一分钟就睁眼，对放松没感觉、没收获。

总之，咨询师感受到的任何阻力、不配合，都要在这个阶段解决，加深访谈。不要囫囵吞枣急匆匆地操作下一步，要循序渐进地让这个事情自然发生推进，效果才会顺畅呈现。

二 身心放松操作流程

小白云技术的操作过程：身、心、息的放松。其实所有的心理疗愈方法，包括各门派的功法都要求来访者先做放松，大家一定要重视放松的意义。

小白云放松法融合了各家所长，在日常操作中总结、提炼，把它分为四个部分：调整身体、觉察呼吸、觉察不适、释放不适。

这个环节一直强调“觉察”，没有觉察，具体哪里不舒服是感受不出来的，日复一日的和这些不舒服共处，医生把这种情况叫亚健康。只有发现了真正的问题出在哪里，才可以解决它，所以“觉察”太重要了。

❶ 调整身体

让来访者坐在一把椅子上，和咨询师保持一米间隔，这个椅子不能太软，如果是一个很软的、很舒服的椅子，陷在里边就会完全松懈。而且要请来访者坐在椅子的三分之一处，这个姿势可以既保持放松，又保持专注。要让来访者坐直身体，挺直腰背，保持端正。挺直腰部可直接升起内在力量，这是展示来访者自己内在力量，也是一种配合。背要自然，不要拔背，肩要松开沉下来，“松肩”是加强心理放松的一个关键动作。

❷ 觉察呼吸

调整好坐姿后，引导来访者进行呼吸，观察来访者的稳定状态，呼吸趋于正常平稳后再进行下一步。整个环节都是顺势而为的，所有的调整、幅度和力度都是适中的，尽量不要做大的改变。**当人一旦急于改变，心态就失衡了，能量也不稳定，那么无论有多少妙招、巧计，只要心态失衡，就会出现各种问题。**所以最轻松的改变，就是只带着“觉察”，不勉强做出改变。

在生活中，人的意识大部分是关注外在，很难感觉到内在呼吸的节奏。只有静下来，闭上眼睛，才能真正进入自己的内在生命。静静地坐下来，渐渐放松，平静地关注自己的呼吸两分钟，然后再慢慢地觉察身体的不适。

3 觉察不适

无论觉察呼吸还是觉察不适，只需要做纯粹的安静地观察，不加意识的判断，允许和接收不带主观的评判，才会有利于身体的修复。

催眠中的规律可以验证：一旦有主观意识干扰，结果就会被打折扣，它不是纯粹的客观了，所以笔者一直强调练习“空”的状态。**当闭上眼睛，去观察自己的内部，观察的越轻松、越平静、越不带有任何评判，它的维度就越深入。**在更高的维度里，人的本能或者说潜意识会自动地对身心纠偏修复。

正确的觉察就是通过把注意力关注到自己的一呼一吸上来精准地了解自己的问题、觉察身体上的不适。不适就是待处理的目标，也是心锚的雏形。让来访者去注意到这个不适，觉察不适，当觉察到问题本身的时候，这个问题在某种程度上就被释放了。

在实践中，笔者确实发现很多来访者，通过觉察，不适感就减了几分。

4 释放不适

被觉察到的不适会通过引导慢慢具象化，呈现出心锚，在具象化之前，人们可以通过放松逐级减轻症状，某些强烈的情绪、尖锐的疼痛通过这一步会得到不同程度的释放。释放通常是用呼气将不适排出身体之外，但其实释放不仅仅是通过鼻子呼气，身体的每一个毛孔都可以打开，释放体内的疼痛或者任何不适。

在这个环节，咨询师已可以觉察到来访者的基本状态，有些人坐不住，一两分钟就睁开眼睛，这样的状态一般比较浮躁，要在觉察环节加强引导，增加他的定力。

放松部分的整体操作重点：

身姿必须端正，闭上眼睛的同时，神往回收，专注地观察呼吸，只是观察呼吸，不要干扰或调整，保持身体原本的节奏，没有评判的观察才会真正进入放松状态，停止思考只是去感受，觉察自己哪里紧张，这个紧张便会自动松开。在觉察中停留二三分钟。这个放松的步骤很有效，过程中可以和来访者交流一下他的状态，一定要提前告诉来访者：慢慢做，不要急，需要在这个状态停留一会儿，给来访者一个思想准备。觉察呼吸做扎实后再觉察不适，找到身体有问题的部位就会相对容易，也相对准确。很多人在这一步就会呈现出心锚，但是咨询师先不急于让来访者具体描述心锚，只是让他专注、不受打扰地观察，深入到不适的部位。

通过这样的步骤，逐渐让来访者身心变得稳定和敏锐。

放松环节的具体操作内容：

请来访者坐在咨询师对面一米处，
选择一把较硬椅子，
只坐到三分之一处即可。
身体尽量端正，双腿自然垂放，
两只手可以平放在腿上，
不要很用力，自自然然、舒舒服服，
然后闭上眼睛，将意识专注于自己。
腰部直起来，仅仅是腰部稍用力，
背部是自然的，肩是松下来的，
感觉自己舒服而不松散。

保持意识向内收，
完全感受自己的身体内部，
觉察自己的呼吸，
观察均匀而自然的呼吸节奏，
感受它，
不用做任何调整和改变。
当下，心变得越来越平稳，
气息在身体里自然的流动，
不用影响它、改变它，
只是觉察它的存在。
（一至两分钟）

现在觉察自己身体不适的部位，
把注意力放到不适的地方，
觉察它的一切，包括它发出的信号。
只是关注那个地方，
什么也不用做，不管它有什么样的反应，
疼还是不疼，松动还是不松动，
都不去管、不去处理，
只是看着它，专注于它，
静下心来静静地感受它，看着它。
（一至两分钟）

把注意力放到呼气上，
每一次呼气都把身体内不适的感受呼出去一点。
把身体的毛孔打开，
不要用力，自然地打开，
把不适释放出去。
觉察它们随着呼气被带出去，
感受那些不适被释放出来了。
（一至两分钟）

当感觉到身体、心里和头脑已经很轻松了，
慢慢睁开眼睛。

放松时可以增加互动描述感受：

举个例子

咨询师问：你觉得有变化吗？

来访者答：有，觉察的时候会集中在胃部这块，身体有感受。

咨询师问：你觉察胃的时候，胃有什么反应？

来访者答：感觉就是这部位发烫，烧得慌。

咨询师问：往外排的时候，你能感觉到有不适被一点一点排出来了吗？

来访者答：刚开始的时候是通过呼气往外排，就感觉减轻一点，当听到每个毛孔都可以排出不适后，就感觉身上有点发热。

咨询师问：对，是这样，这感觉非常对，就是这样操作。

只要是普通凡人就不是圆满的，多少会有各种各样的小问题。不管是心理的还是身体的，人们自己领会了放松的重要，常常练习，**通过放松、觉察、释放，消除病痛是自然而然的事，称之为“自愈能力”。**

放松阶段的四个步骤是有变数和发挥空间的，咨询师每次做都不完全一样。主要的框架结构不变，咨询师可以根据现场的感受和对方的接受程度做一些微调。只要兼顾了身体的放松、心理的放松、呼吸的放松，就没什么错。咨询师也可以根据自己的实操经验进行总结，针对不同的来访者，有些部分可以多做一些，有些部分可以简化一些。笔者经过多年的经验总结出：最好的服务就是满足来访者的需求。来访者的反馈就是技术提升和打磨的依据。条件允许的话，技术操作的每一个流程一定要复盘，问一问来访者在引导节奏上的感受，哪部分可以再提升，哪部分需要调整。这样才能持续精进、提升自己的水平。

放松环节的难题总结：

一是不停打呵欠的人，这种表现不分早、中、晚时间差异，和困倦也没关系，青少年出现的偏多，有点像医学上的癔症。

比如笔者遇上过类似的来访者：一个大学生，哈欠不停、摇头晃脑，完全放松不了，深入不进去。不要以为这些人是困乏，这是正气快速被调动起来和邪气对抗的表现，这种情况说明身体正气反应快，也说明邪气在浅表，遇到这种情况，操作不用间断，效果也会很显著。

在线上预约操作的，要鼓励来访者接着往下做，坚持下去会缓解不适，但要稍稍提速，让来访者能撑到结束。线下相对会方便些，反复叮嘱来访者保持标准动作，不要妥协将就，这种情况不会影响后面的操作，但后面的进度节奏适当加快一些，来访者会很疲劳，做完后要建议他们直接睡一会儿效果更好。

二是散漫的人，表现为身体的疲软或偏斜，动作散漫随意的人。这些问题要及时纠正，告诉他们腰部用些力，保持平稳。这类人正气很虚，而且基本问题都是时间比较久的。他们或者心锚不容易具象，或者主观配合过多，做完分值降的也不多。针对这类来访者要减缓节奏，不要跟着他的节奏走，每一步反复确认，不让他顺滑下去，而且建议可以分成两次做。

三是会出现些小状况的人，如眼皮一直抖、腿不停抖、眉头紧皱、脸发红、呼吸急促等。咨询师可以不用在意这些小动作，让来访者放松时间延长即可。

总之，咨询师的一切操作都要**顺其自然，顺势而为，不强求任何结果，**这样才能得到最好的结果。

三 具象心锚阶段的操作

问询心锚是来访者通过咨询师的引导能够把负面感受转化为一个象征物。这个步骤其实就是通过观想，把心、事、物融合在一起，建立心锚的过程。观想也可以把它简单地称为想象力。想象力是没有固定模式的，也没有极限。小白云技术就是通过意识能量全盘改善生命，疗愈人们肉体和精神上的痛苦。在没有任何限制的能量场中，咨询师就像魔术师一样，**别让任何固化的概念束缚，尽情地和来访者一起天马行空的变法术。**

将无形的不适感受呈现出有形的心锚是小白云技术的关键之处。这一步需要调动来访者的具象化思维能力，使用具象思维时贯穿始末的两个要点：

01 **专注** 越专注思维能力越强。所谓的灵性就是通过专注把想法和感受变成现实的过程，这是一个创造的过程。比如在创造一个东西时，人们喜欢先画好图纸，这图形从哪里来，就来源于脑子里的画面。画面越生动、清晰、立体，创造的成功率越高。当来访者可以高度专注地聚集目标，通过意识呈现、清除心锚象征物，清理掉身心问题。

02 **放松** 松开一切固化的、束缚的观念，不让任何旧的经验、评判去影响专注力。每个人都可以找到适合自己的练习方法，不断地重复去做，身心合一、心物合一的意识成长只有靠自己，谁也无法帮忙，终其一生，每个人都是自己内心真正的老师。

具象心锚的具体操作：

当来访者处于放松的状态，待解决的目标已经确定好，来访者需要继续闭上眼睛关注不舒服的部位，并描述出对它的感受。随着深入地询问症状的情况，大多数来访者会感受到它的存在并说出症状具体的信息，一般性的身心负面症状在这一步都能找出心锚象征物，例如：疼痛的心锚是体内的一根针，头晕的心锚是大脑中的棉花，心慌的心锚是心脏被绳子缚住，乏力的心锚是坠着的石头。

案例 1. 抑郁症

来访者的表述症状是胸口堵。

咨询师：具体是堵到哪个部分了，多大面积？

来访者：就心那里，像拳头一样大。

咨询师：是很密实的堵，还是还比较稀薄的堵？

来访者：是结实的堵，是一堆麻绳泡在了眼泪中，它很沉，但也快腐烂了。

咨询师：它有什么味道？

来访者：就是那种快腐烂的味道。

咨询师：它是什么颜色的麻绳？

……

随后就是问询体积、形状、重量、新旧、粗细、冷暖等，心锚随着表述越来越清晰，后面的步骤会很顺利。

案例 2. 高血压头晕

咨询师：具体是哪部分晕，是整个头部都晕，还是局部晕？是前半部分，还是后半部分？

来访者：是整个头部，头有多大晕的部位就有多大。

咨询师：是沉重的压迫感的晕，还是轻飘飘的晕？

提问可以帮助来访者聚焦呈现心锚，咨询师在处理头晕的时候，有的来访者会说头里有沉重的铁壳，是一种不透气的闷闷的晕；有的来访者会说是头脑里塞满了棉花，是一种糊涂的晕；还有的来访者会说头外面罩着一个金刚罩，是闷闷的晕。咨询师这样问问题会让来访者的感受加深，象征物自然也就会清晰地出现。

案例 3. 厌学

笔者处理过两个厌学的孩子，效果都非常好。

一个孩子形容自己心里有一个马达，只要到学校听老师讲课或者要考试，这个马达就开始工作，不停地跳，出汗、心慌，甚至还有过一次休克，被家长接回家休学了一年。

还有一个小孩说，自己只要远远地看到学校，心里就像有一根针扎着那么疼。

这两种情况处理的都比较快，咨询师把“马达”和“针”清理掉，他们立刻就能破除心理障碍，正常的上学。

关于症状的描述是五花八门的，甚至可能会出现很多想象不到的东西。笔者记得几个印象比较深的例子。

一个来访者有很严重的鼻炎，他形容的心锚象征物是一条很宽的河流。

一个青春期的少年处在叛逆期，他很愤怒，他感觉自己胸口处有一座巨大的火山，平时是封着的，但是只要发作就冒着岩浆，喷着熊熊大火，没有人能控制。

一个双相情感障碍的来访者，心锚就是一个哭泣的小孩，他可以看清楚那就是童年的自己。

一个焦虑症的患者，他形容的心锚是一个猛虎，他能听到那个虎的咆哮声，感觉这个猛虎随时威胁着他的生命。

这些心锚就是身心的痛苦，给大家的操作经验就是：**不要纠结它是什么，不需要用固有经验来评判心锚合不合适，只要来访者想把它处理掉，他自己就会找到妥当的方法来解决。**

比如那个严重的鼻炎患者，他锚定出河流后，笔者问他自己有办法清理吗？他说，有。他先在源头筑坝，截流，再抽水。那么多的河水怎么处理掉呢？最后他找到一个法宝是葫芦，他用这个葫芦把所有的水都吸收了，然后放到云上飘走了。

那个愤怒的青少年面对自己的这座火山，他说他想下一场大雪。既然有方法就引导他操作，大雪一直飘，最后把那座火山整个覆盖住了，然后他用一个机械的通天臂，把火山从身体当中清理出来了。

但凡认识到自己有问题，愿意想方法解决的人，效果都非常显著。显著到一次就好，还有一些人会遗留一些问题，基本上坚持一段时间，也都能彻底地解决。所以不管心锚多么不常见，多么离奇，咨询师不要担心不要惊慌，记住一句话：凡有一煞必有一解。对于这样的来访者能想到的解决方法也是不寻常的，他们的意识能量就具有这个特点。

所以，咨询师不用过多地关注这些心锚象征物，也不用费力地分析它合不合理，心锚象征物是什么其实并不重要，只把它理解为来访者当时的生命能量状态的一个象征物，只要来访者自己认可，且自己能处理掉，问题就能顺利解决。

操作过程中，咨询师要多鼓励来访者，要使用他的意识力量，开放他的想象能力，越形象越有效。确实大多孩子的想象力非常丰富，他们的脑力反应速度快，形象思维也灵敏，顺利的话，整个过程十几分钟就能做完，而且只做一次就能明显见效。

咨询师的工作就是依据来访者的视觉、嗅觉、味觉、感觉一直往下问，直到这个象征物真实生动具体地呈现。询问问题一定要牢记几个层面，就是眼、耳、鼻、舌、身、意。

笔者粗略地将常见心锚进行了分类。这些没有标准模板，但有助于咨询师积累经验并拓宽思路去解决问题。

第一种，负面感受的心锚是生活常见的物体。

它是依附身体部位具体描述的，基本上都是一些常规的生活物品，钉子、松紧带、棉花、石头、铁块等，这些常规的象征物有清晰的边界、体积、温度，质量，这类心锚都比较实际。这些是实症，说明来访者内心的目标清晰，问题和力量是匹配的，标准化操作效果就会显著。

第二种，负面感受的心锚虽在体外，但与身体连接。

比如背上背着一个大花岗岩，头顶上有一个罩子，或者脚上有锁链，身体被绸布缠着，等等。象征物是体外的，但它都是跟身体有连接，这部分象征物也都生动有细节，对应的基本上是外部环境的事件造成不适的心理问题，或者是即将影响到身体。这些象征物都比较好处理，内在力量也是强大的。

第三种，负面感受是匮乏性资源。

比如大片的沼泽，燃烧的火山，无限的黑洞。这种是典型的心理匮乏，广泛、不确定的综合因素影响着来访者的身心状态，内耗比较严重，自己内在力量匮乏，这些属于虚症。这种情况咨询师需要用变通、灵活的启发式提问开拓来访者解决问题的思路。

第四种，生命体。

小到蚂蚁、虫子、青蛙，大到猛兽，或者是家人，也有宗教肖像。处理这些象征物相对复杂些，小的活物要问来访者是否需要“灭活”，“灭活”也是帮助症状消除减轻的重要一环。大的猛兽可以变通方式，比如打个麻醉或找个器物控制它，因为很多人有宗教信仰，要“灭活”的话，来访者可能有心理障碍。遇到这种情况要先问一下，然后尊重来访者的处理方法。大多数有信仰的来访者都会有另外匹配的方案比如法器、咒符之类的。如果象征物是自己的家人，也要征得来访者同意，可以让象征物坐在云上，因为坐在云上飘并不违背道德伦理。

基本上这一类心锚因为象征物是生命体，代表症状的发展变化会比较快，危机指数比较高，可以理解为内心的恐惧纠结，也代表内在力量被抑制，内在自我冲突严重。

每个人的心锚只有相似，不会完全相同，所以，咨询师掌握大方向去了解来访者的大致状态，会助力心锚环节的操作，同时具有稳定性和灵活性。

心锚所有的信息都清晰全面了，准备消除清理之前一定要记得问来访者，“现在你愿意把它取出来让它消失吗？”让来访者表这个态很重要，这是来访者自己的主动的意愿，会让来访者对整件事有一个掌控感，咨询师是在帮助达成意愿，其配合度就会非常高。

问询心锚的难题总结：

（1）有少数的来访者，只能反馈自己的病名，不能生动地描述感受。有些人习惯了把事物概念化，这种情况需要与来访者增加沟通；暂时放下医院给定义的病名，所有病都有与之相对应的身心症状和身心感受。咨询师要去处理的是令人不舒服的症状，而不是那个概念，这样才能真正地解决问题，帮助身体恢复健康。

（2）还有些人受病情影响很难快速敞开心扉。记得有一个年纪很大的阿姨被她的女儿送过来，她平时是一个人独住，有一些普通的老年病，但主要还是心情抑郁不想动不想说话，包括与家人也不想交流。访谈的时候，她只说抑郁，对康复也没什么信心。评分 9.5 分。具象心锚环节，抑郁带给她的感受就是说不清楚。这种情况就需要咨询师付出足够耐心，先放下目标，再继续引导她放松，甚至再返回去多做一会儿访谈，聊聊技术的优势特点，聊聊她的身心状况，给予更多的理解、关心、关注。的确，这个来访者在反复放松的过程中渐渐能表述更多，她感觉到整个身体被裹得紧紧的，她身体的外面，有一层一层的深蓝色的绸缎裹得她喘不过气来。到这一步困难就克服了，接下来咨询师就都知道如何深入了：什么颜色？布匹有多长有多宽有多厚？手感是什么样的？有光泽吗？新的还是旧的？闻起来有什么味道吗？它表面有花纹吗？是凉的还是热的？裹在身体外面大概有多少层？每个环节都要耐心仔细，来访者才可以逐渐开启具象思维能力。

（3）有一些人在操作具象心锚的过程中，象征物会不断变化，这些都是正常的。来访者意识能量一直在变化，心锚可能也会随之变化，但基本上心锚的变化特点是正向、递减的趋势。比如刚开始感觉到的是个很坚硬庞大的实物，或金属或硬石块，后来在描述过程中又发现其实没那么牢固坚硬，甚至变化成软的有弹性的物体。一些具象思维能力好的，问题出现时间短、症状轻的人，很容易出现这样变化，这都是症状逐步在减轻的表现。

四　清除心锚的操作

清除心锚就是深入清除负面症状，这是技术疗愈中加强效果的部分。

清除环节是二或三个步骤，为什么这么形容呢？

第一步，将心锚和身体分离取出。大多数来访者经过了具象心锚的操作过程，已经处于完全配合的状态，所以分离心锚的环节基本是顺利的，有时心锚是体外的象征物，那就更简单，直接清理就行了。

分离环节不要刻意添加复杂的内容，最好不过多干预。例如只询问是否已经取出了？用的什么工具？不去询问完成的动作方式，让来访者觉得是顺理成章的事。因为这部分很容易让来访者受限于逻辑思考中，操作中给一点时间，让来访者自己操作，始终把心锚作为关键落脚点。

遇到心锚取不出来的情况，不代表心锚有问题，最大可能是来访者专注太久，有些累了，带他做个简单的放松，再继续操作基本就会顺利过关。

还有一种情况是因为心锚象征太陈旧，问题在身体里扎根了很多年，在分离取出的时候会遇到一点阻力是正常情况。咨询师只需要耐心陪伴与等待，来访者自己会开启内在力量，一个人越生起愿望就越有底气，他的内部能量充足，那他拿什么都是举手之劳，很轻松，干什么也都容易干好。笔者举个例子来说明。

举个例子

一个中年女士，要解决父亲离世多年她依旧悲伤过度的情绪问题，她的心锚是她的后背插着一把大刀，大刀非常大，直接捅到心脏。在分离的时候，这个大刀怎么拿都纹丝不动，她累得休息了好几次，她并没放弃，慢慢地想办法，最后灵光一动，她开始摇动自己的身体，慢慢地晃动，最后插在后背的刀松动了，就取出来了。

遇到这些陈旧性的心理创伤，有的人会哭、会叫、会疼，但极少有来访者觉得没有能力去改变。一旦卡在哪里，引导来访者返回到上一步，重新做身、心、息的放松调整，蓄势再来。这个方法在使用的时候总是特别见效，能很快地打破僵局。

分离心锚难题总结：

（1）心锚的形象不够具体。来访者会表述：它并不是很清晰，它只在想象中。

这种情况需要通过提问加深具象化思维，一种是用细节诱导，询问来访者的分离方法以及工具，例如来访者说就自己用夹子取出来的，咨询师要继续追问，夹子是干净的吗？是什么形状和材质的夹子？

另一种提问是感受诱导：你觉得这夹子好用吗？顺手吗？合适吗？

这些启发式提问可以帮助到想象力缺乏，总在逻辑中出不来的来访者，可以是泛泛引导，也可以具体引导。

（2）心锚具有复杂多变或匮乏性的特点，操作受复杂程度的干扰和影响，这其实很正常。人们每一念都和内在能量的改变相互关联，心锚也会受变化的影响，咨询师可以以变应变。笔者举两个案例启发大家的操作思路。

举个例子

来访者的心锚是一团龙卷风，很猛烈，毁坏了很多东西，这样的心锚内涵比较多，风作为心锚没有具体的抓手，不受控，清除时遇到了阻碍，没办法清除，对这类匮乏性心锚咨询师的引导就需要细心找突破口。

咨询师：龙卷风破坏了很多东西，感受龙卷风里有什么？

来访者：风里卷着一些破损的家具和几块木板。

既然处理龙卷风有难度，就一点点来分割处理，可以先把家具和木板当成这次清除操作的心锚，下次再处理剩余部分。这都是可变的，需要灵活处理。

举个例子

来访者的心锚是沙漠，没有边际，怎么引导呢？升维操作，增加解决问题的思路和力量。

咨询师：可以用太空视角去想办法吗？

来访者：可以，我试试，看见地球就只是一个小球，那点沙子就用小铲子、小扫帚直接扫扫聚拢一下就可以丢掉了。

咨询师也可以尝试收缩这个沙漠，把沙漠收到一张画里，再把画放上白云飘走。总之，不能卡在这，一定有办法，没想出办法就是想象力没完全打开。

第二步，修复创口。心锚取出以后的操作是相对容易的，重要的工作已经完成了，到这一步自然是轻松的。

但因为这个步骤只有一半发生的可能性，心锚如果在体外或者没留下创伤，不需要画蛇添足操作这一步，所以可以没有这个步骤。而如果来访者的描述中有明显身体创伤，取出时就必须关注一下这个问题，就要修复创口，对取出心锚的那个部位做一些修复处理，就必须有此步骤。例如去修复因为心锚取出时可能破坏了肌肉组织或某些内脏器官，做清创、缝合等意识操作，尤其心锚是某些锋利的工具，更要对身体做一下善后处理。这会提升整个疗愈的完美度。

具体操作方式是咨询师启发性地去提问，比如说想个办法把身体清理修复好，可以用酒精、用光照、用气，任何都可以，愈合也有很多种方法，每个人的意识能量状态会有不同的选择，只要能解决问题就可以。

曾经有个年轻人第一次做小白云疗愈，在清理愈合伤口时很笨拙地缝合，但第二次做时，他往身体里放了一粒“丹药”帮助伤口加速愈合，所以这就是越使用意识能量人就越“机灵”。但如果来访者说他不需要清理，这是正常的，不勉强，不增加复杂度，尊重来访者的所有感受。

第三步，清洁清理心锚。

清理环节问题最少，是准备将问题送上小白云的最后一步。这代表着问题已经离开了自己，几乎没有人在清理环节出现阻碍。它是日常生活场景的写实部分，很容易具象思维操作，冲洗、晾晒、擦拭任何清洁方法都可以，清理操作时咨询师可以问问用什么方法什么工具清理的，最好不要问动作，因为叙述清楚动作是动用逻辑思考，只问感受这些不用思考的问题。

还有人会要求包裹心锚，这也很好，说明来访者耐心细致，而且心锚的内涵包含有一些正面的感觉，有双面性，某些产生负面感受的事件对来访者既有影响也有成长。

有些来访者会说不需要清理。咨询师可以建议："这是治疗步骤，即使感觉没什么问题，认真操作也会对效果有帮助。"尽量保持这一步的仪式感。

每一个环节都是帮助来访者从意象上强化；问题逐一得到清理，疗愈严谨又完整。

清除环节具体操作示范：心锚已经确定了，咨询师要有一句重要的问询："你想把它清除掉吗？"

得到肯定的答复后继续操作，告诉来访者："现在取出心锚，开始操作。"操作顺利吗？用的什么方法？完成这个步骤后，如果取心锚对身体的影响比较大，要提醒查看心锚已被取出和修复身体，"请清理和愈合身体。现在开始操作，慢慢来，仔细弄"。

深度具象化操作时，来访者会出现一些相似的特质：表情的变化。有些人会有眼动，有些人呼吸就变得很深，这是来访者在投入操作，他在想办法。建议咨询师在这里停留 1 分钟再去问询。

这些都完成后，引导来访者："给心锚做个清洁清理，用任何你觉得合适的方法都行。清理好了告诉我。"

在清理环节，可以让来访者仔细审视，反复多角度地看，描述心锚取出后的样子，以及去除污浊或附着的琐碎物的细节，过程中让来访者充分地加深具象化思维。

完成这些步骤以后咨询师继续引导来访者："找一片适合盛放它的白云，我们将把清理好的心锚放到白云上，让白云带着它离开，好，现在开始操作，说一下你找到的白云是什么样的……"

清除心锚难题总结：

（1）来访者觉得疲劳无力，没能力继续处理心锚，咨询师可以调整节奏，鼓励把心锚取出来后休息一下。把玩或仔细观察心锚，都是休息的方式。休息一会再进行下一步。

（2）来访者自己要求放弃，完全不配合了，这种情况不是具象化思维能力问题。有放弃想法的来访者基本有几个特点：体质虚弱和优柔寡断或者在问题中有额外的补偿。遇到这种特殊情况，因人而异不能勉强，或者建议分多次操作。

（3）操作过程中节外生枝，心锚遇到清除的困难。

曾经两个抑郁症的年轻人，都是名校高才生，他们问题比较严重，但人都很聪明，心锚都相似，是猛兽，操作中均出现了几乎半途而废的问题。

其中一个男同学的心锚是一只猛虎，在分离环节操作得很简单，就是把身体从中间打开，把猛虎放出来。但是猛虎出来以后难题来了，他又说这并不是一只虎，是长着很凶的獠牙的四不像，它发着可怕的嘶吼的声音。直接放出去它会失控，因为它凶性没改，没法把它送云上离开，他卡在了这里不知怎么办。

咨询师：你开动脑筋一定会想到办法，现在它已经在你的掌控之中了。

来访者：让我想想……（过了一分钟）嗯，找到了一张很有威力的符咒，符咒上面写满了符号，是一个深黄色的纸。

咨询师：这个怎么使用？

来访者：贴在四不像的脑门上。这样就可以了。

然后就像放生一样，让它和白云一起飘走了。貌似是很困难的问题，但是只要启发来访者自己想办法基本都能解决。咨询师不要有任何的担心，不论是什么方式，只要来访者觉得心安就是最好的办法。

另一个女生症状更严重，是被医院确诊的重度抑郁症。她正在读研，压力很大，担心自己毕不了业，状态非常不好。在访谈的时候思维很跳跃，一会是这个问题，一会是那个问题。经过充分的放松引导，最后她决定先从童年创伤开始，她有对继母很深的恐惧厌恶。她的心锚是一条暗色的蛇，在她的面前蛇大概有一人高，闪着磷光。这条蛇就是她继母的样子，她形容她继母的脸黑黑的、尖尖的，而且永远是性格冰冷、眼神冰冷。她曾经受到继母很长时间的肢体虐待。所以从上大学以后，就没有回过老家。她不敢面对继母，看见继母就恐惧厌恶。在清理心锚的环节，她不敢把蛇捉住放到云上，虽然找了很多方法，但笼子、木箱都没用，蛇一直和她对抗，偶尔还占上风。在这种情况下，咨询师要稳定，不要阻拦，更不要直接地助阵。每个人都有求生的本能，她战斗的过程其实就是疗愈的过程。她被疗愈这个信念支撑，最终在她气喘吁吁快支撑不住的时候，找到了一个发着金光的很细的锁链，是金属的，勒在了蛇的七寸上，蛇就没了威力，她把这条蛇制服了，最后放在云上处理掉了。

这个女生后来又做完了七次的整个疗程，每次解决的问题都不一样，就是按照成长的时间线，一点一点地修复过去的创伤。她的反馈非常好，最大的改变是她做完了以后没多久就回了一次老家，可以坦然地面对继母了，同时她也顺利毕业找到了一份喜欢的实习工作，人也越来越开朗，摆脱了抑郁。

所有这些方法，都是来访者真实的内心状态，也是她自然的需求和反应。咨询师不要评判或者参与意见，而是要把主动权交给来访者，她自己有足够的智慧处理自己的问题。只有经过努力，克服困难、解决困难这个过程，她才会真正的从痛苦中解脱出来。

五 小白云渐入心理“空”境的操作

这一步是疗愈的最后一个环节，大功告成的最后一步。

这个阶段需要完成四个步骤：首先找到小白云，把洗干净的心锚放置在白云中，让白云前前后后的飘浮 10 ～ 30 次，进入到“空”境。

第一步，确认小白云。

心锚清洗好之后，咨询师去引导来访者具象出一朵白云，然后描述它。

在具象白云时，来访者出现的云朵大多丰富多样，有彩云、乌云、金色云，有很小一点、有大片遮满天空的……这些不同都是受来访者的性格、审美、情绪、信念的影响，咨询师无需去深究。到现在为止会有不愿意找的或者想用其他东西替代云的，但几乎没有找不到的现象。小白云也需要来访者仔细描述：它的形状、密度、体积、颜色、味道、薄厚、感受，等等。

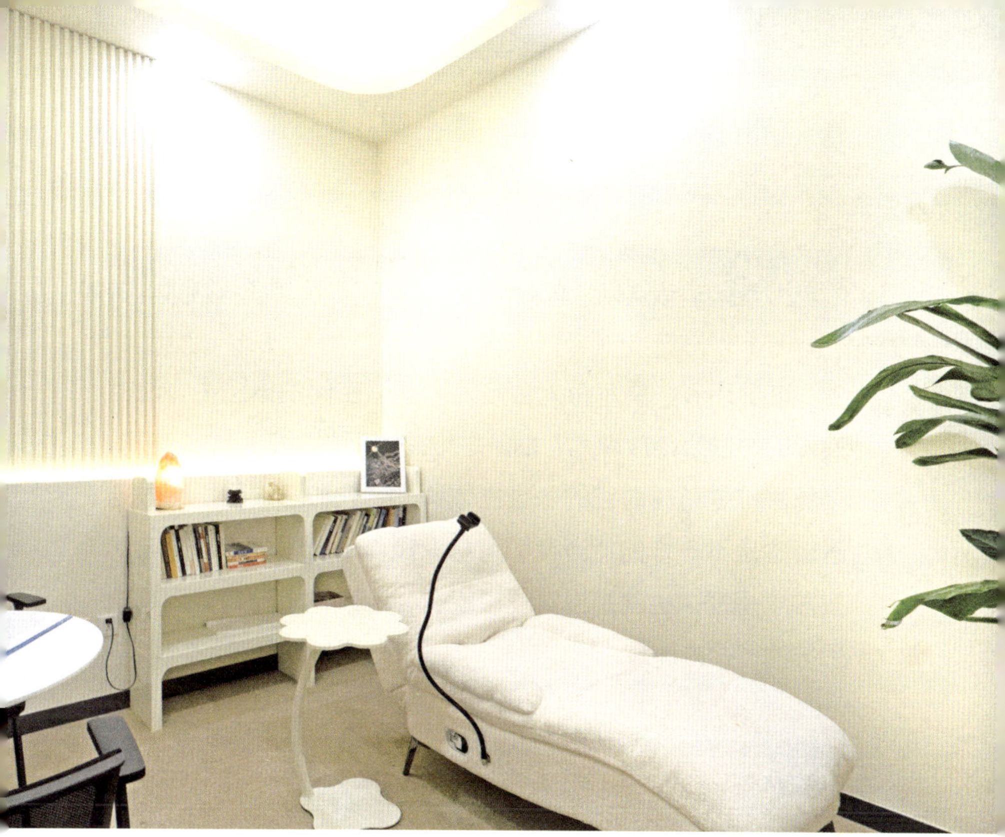

具体引导操作：

现在我们要把这个心锚彻底地清理走，

我们需要一片白云承载它。

去找到一个你觉得合适的白云，

告诉我你感受到的白云是什么样子的，

详细地描述这个白云的状态……

确认小白云难题总结：

这个环节，偶尔有人会陷入时间、空间的概念中，说找白云的时候心锚放哪儿？抽象思维是时间，形象思维是空间，具象思维是超越时空的多维立体概念，它和三维物质世界场景概念是不一样的，当我们用意识操作的时候，意识会自动按需求呈现。也就是说，一想就有，所以这个问题得用具象思维的形式去理解。

第二步，放置。

将心锚放到云朵上。

具体引导

“现在我想让你把心锚放到那朵白云上”。不再问其他，如怎么放，横着竖着放，快飘还是慢飘。要不动声色顺其自然的将心锚放上白云，然后视角马上转换到心锚已被放置到白云上的场景的感觉。

这一细节是违背来访者逻辑的，是超越他现实生活经验的。与其他的场景不同，其他场景有物象、贴近生活，其他来访者并不需要用力就可以描述。

在放置的环节，咨询师可以直接询问：

“放妥当了吗？说说放置后的样子。”

这里有各种各样的答案，大多来访者甚至会操作小白云去包裹覆盖心锚，有些来访者会把白云拟物，像个礼盒、像个飞机、像个动物神兽，都行，只要不影响移动就行。

以上的两个步骤，即找小白云和放置环节是将象征疾病问题的心锚放在高维载体上做转化。

来访者已经对接好了问题与资源，通过观察白云、放置心锚也是可以看出来访者承受力和处理问题的能力。

此时来访者的描述越简单清晰越好。

放置难题总结：

个别来访者会问：“可以把心锚放到一个其他的容器里吗？”回答，“可以”。让他充分地表达，最后也可以一并再放到白云中飘走。白云这么好的一个工具，为什么不尽用呢？

这个环节有障碍的也非常少，放置的障碍就是云和心锚不匹配，这就是困难和资源的不匹配，这些都是小问题，通过咨询师积极引导、暗示都可以平衡解决。咨询师要有魔法师思维，缺什么变什么，在深度具象思维阶段，语言就是工具。

第三步，白云飘浮。

有两个操作要点

01 白云在正前方，基本保持与视线平行，这是要保证白云在可见范围内。

02 忽略所有的场景，例如树木、道路、乡村、城市等具体的景观，只聚焦在云朵上，内视觉一直和白云深入，这样才能到空。

飘浮过程中常见问题是距离和速度，不要过快地让白云消失，最好要体验到白云逐渐消失的过程，也不要磨磨蹭蹭地一直在一个地方拉扯，来访者内心容易急躁。

解决方法就是要依据心锚的移动速度，调节它的心理距离，基本上心锚的体积和飘浮的距离成正比，就是心锚越小每次飘浮距离越小，心锚越大每次飘浮的距离越大。

这和性格也有关系，有的人刚一开始白云就飘得非常快，两下子白云就看不见了，咨询者就把心理距离放小，一米一米地前进，有的是白云飘得非常慢，咨询者就把心理距离加大，一百米一百米地前进。还有的飘浮路径会拐弯，有的很快飘出视线直接到外太空看见星空宇宙了，有的中途白云变颜色、变形状了。原则上白云怎么飘都没关系，无论什么情况咨询师就是以不变应万变，把白云引到空里。

大家记住在不清楚对方心理距离的情况下，多提问来访者，根据答案来调整距离。

白云飘浮引导操作：

“现在让白云向你的眼睛正前方飘浮五米，到了告诉我。”

（有的来访者白云飘浮的速度会很快，也有非常慢的要等待）

“继续……回到眼前，看看它有变化吗？”

“再继续向前五米、八米……”

这个五米、八米都不是固定的，具体情况咨询师要依据来访者描述白云的大小、形状和飘浮状态来决定。而且这个计量单位米也不是一个写实的数据，它是一个心理数据。在内心，每个人对米数的感受是不同的，有些人飘浮到十米就不见了，有些人要一万米甚至是外太空，所以，咨询师只能通过飘浮过程提问了解来访者对距离的感受。

通过来访者的描述，可以大概判断他心理距离的概念，过程中要反复操作十几次的飘浮，大概每三四步就要问一下白云的状态和变化。这个进退是灵活的，但同时也是非常重要的。

飘浮的难题总结：

1. 假设来访者的心理距离超大或超小怎么办？

要了解来访者进退的间距，根据他的定位标尺确定咨询师的引导数据。可以一次飘浮一万米，也可以一次飘浮零点一米，原则就是漂浮至少在十次以上。咨询师要为这个次数留下空间，过程当中不要一直向前，这会产生一个心理惯性，影响来访者的专注度。就像游戏似的，来访者得破译不了咨询师的游戏规则。

2. 如果白云的大小一直没有变化怎么办？

要了解来访者的心态，同时加大进退做距离测试，如果依然很难确定来访者的心理距离，要问来访者："你觉得这个白云飘到哪个距离你就会看不见它？"

如果来访者说大概五千米或者大概一万米，那就快速地飘浮到接近这个数值。比如他说一万米，那就可以先移到九千五百米，咨询师就要依据着他的心理距离去配合。整个移动环节都是这样，小白云飘浮到视线的尽头后，就进入了下一个环节。

第四步，加深后的"空"境。

当刚进入"空"的时候，要停留一到三分钟，嘱咐来访者体会安静休息、没有念头的感觉。体验“空”的感觉是小白云技术的双重保险，就是说即使心锚不准确、不清晰，但真正“空”一会儿，问题也会消失。

空意味着存在无限，有限的叫空间，无限的称为空。空是真正的当下，没有过去，没有未来，没有开始，没有结束，更没有时间和空间的限制。心无限打开，空间与时间的间隔消失，所有障碍消失，一切都是通的，是真正的自由自在。

所以真正空的感觉不是没有，相反，它是完整的、无处不在、宁静而清明、喜悦而温暖。

绝对不要认为空是一个负面的状态、是一个空缺、是所有外面的东西消失了。形体消失，无形被留下来，界限消失，不被界限的留下来。那个留下来的部分可以称为圆满。

有和没有加在一起是空，空并不是死的，它是活的。小白云技术还达不到佛道修炼所说的境界，算是微体验，修炼的最初级阶段，但疗愈身体小问题足够用了。

到了这个阶段，可以观察到，来访者是非常安静的、享受的，面部表情会更加松弛，呼吸加深或变缓。有人会有情绪变化，有些人会流泪，但肯定不是悲伤的泪，也有人反馈是身体的变化，身体越来越轻，一种轻盈、舒服、舒畅愉悦的感觉。还有的人说什么都没有，只能感受到风或轻微的耳鸣，这就是频率波的变化，都是一些非常美好的状态。

放“空”的引导操作：

当小白云已经飘浮到了视线的尽头，例如在一百米的时候是看不见的，这个阶段咨询师要确定：

“你眼睛看不见了，那你心里还有吗？”这句话可以帮助来访者深度放空。如果来访者回答眼睛看不见了，心里还有，或者说还不确定，那继续飘飘浮浮再问，直到来访者肯定地回答“心里也没有了”。这时候咨询师就可以告诉他，“在这个什么都没有的空里待一会儿，感觉舒服了，可以睁开眼睛”。

在这个状态当中，可以观察到来访者有一些普遍的反应，就是有沉浸式的体验感，那种表情是会呈现出来的。有的非常安静，会有深呼吸；有些抑郁症或者有情绪问题的人会有流泪微笑、会有一些情绪化的表现，这些都是非常好的现象。

小白云入“空”的难题总结：

1. 没有“空”，出现的是其他的景色，如彩虹、蓝天、光、外太空等美妙场景。

通常咨询师会再向来访者强调“空”的感受和作用，并且建议来访者继续闭上眼睛，重回刚才的状态，穿越那些场景去体会更深的无我放空状态，基本上来访者此时都会有加深感，有“空”的体验。

2. 在“空”里很享受，不愿意出来。

曾经遇到过一个来访者，在这个“空”里待了十多分钟，一直不睁开眼睛。

咨询师：舒服了随时可以睁开眼睛。

来访者：我想一直待在这不出去。

（又等了几分钟）

咨询师：你想一直待在这？这一直是多久？

来访者：一辈子。

咨询师：现在是半辈子，五分钟之后是一辈子。

（五分钟）

咨询师：时间到了，你可以睁开眼睛，你会感觉整个人焕然一新，于是来访者就从“空”里出来，清醒了。

不要怕打扰他，因为咨询师的服务有操作规范。整个过程不少于半小时，不超过一小时，来访者体验到了这种感觉，咨询师就完成了这次疗愈。可以提醒来访者在晚上自己安静下来的时候再体验这种“空”境感受。

六 后测

接下来就是事后的评分，评分是为了对比复盘，复盘是最好的经验总结。要问来访者在哪个步骤有什么样感受，复盘的时候要多让来访者表达。

一来是对来访者的关心和重视。二来是“实践是检验真理的唯一标准”，少一些“我以为”，来访者的反馈才是咨询师提升技术的重要依据。

在这个部分，大家注意不要自话自说、喋喋不休，再满意的结果也不要过于表露情绪，不要自我表扬或者求表扬。

职业的咨询师要平和、稳重、深厚。最文明、最高级的服务有一个特点：**服务永远在，但不打扰！这种服务理念其实在各行各业都是相通的。**

以上就是小白云技术的整个操作过程。

在技术操作结束的放松时刻，笔者依然想和大家再次分享“空”，希望所有阅读这本书的读者都因为“空”而体验到生命更多的可能性。

放空是小白云技术的精华所在。这一步是兼具了术与道的双重表达，有外在的招式，也有内在的本质。关于放空，曾经笔者也很想精准地去定义，因为别人混沌地说空的时候，笔者对这个概念也是抵触的。

直到笔者练习静坐冥想之后才明白，空只能去感受，说出来就不再是它原来的样子。

空是只有在不去理解，或者试图掌握它的时候，才能称之为空。因为它是事物还未显化即将进入显化的状态，空里没有存在，所以不可能去真正地理解空，只能去体验。

反着讲不空，大家也许就会知道空是多么的重要。如果人们的心总是被大量的心事、情绪填满，心就会失去活力。

如果大脑里面充满了杂念，包括各种概念，那头脑就会昏沉。

如果人们的身体里积满了食物、液体、气体，那血液就会黏稠，各种指标都会紊乱。

如果人们住的环境堆满杂物，没有任何空间，那就会感到烦躁、窒息。

如果人们的工作永远被安排得满负荷，没有休息的时间，那就会疲惫甚至生病。

所以人们就需要及时的清理，经常的清空。放空了人就会感觉通透、轻松和舒服。

放松和放空不是一种状态。放松是修炼的基础层面，也叫静。

放空是相对高级的层面，称为定。静功也是按照这个修炼的逻辑，就是练习至少一百天静之后再练空和定。静是基础，空和定是升华。

佛家说定生慧，定的阶段是聚能量，能量强了以后，会让人们整体的六觉（视觉、听觉、嗅觉、触觉、味觉、知觉）通透。

当空成为一种常态的时候，人的身体自然就会越来越好，这个是可以自己感觉到的。而且空的状态，体会的是生命本身，不仅仅是健康或者疾病。**在空和定的状态，生命会分泌称为精气神的精气。**现代医学称为内分泌。

之前，有一些高血压老年病人、失眠的人、紧张焦虑的人，都用一个方法得到了好处，这个方法很简单，就是心里什么都不想，只念一个字“空”。

一路念下去，把精神都放松了，把脑子也都放松了，很多病就不医而愈了。

说了这么多空，目的是让大家知道，小白云技术的终极目标就是要体验到“空”的境界。这个技术既可以作为身心救急的疗愈，又可以启发大家更宽泛、更多维度的思考、认知生命。

知道“空”，做起事来会更有定力、更从容，不会急于求成，浮躁的心会慢慢沉淀下来，这是整体生命质量的改变。

附 ·实操答疑·

01

我的心理也好、身体也好、情绪也好，这些负能量垃圾是随着白云飘走了。但是我觉得它只是离开而不是转换，这个问题老师是怎么看的？

答

首先认真思考是好的学习习惯，但这只是学习的一半动作，遇到问题一定要自己去实践操作，通过实践再去验证自己的判断，这样学习才会有更大的收获和效果。白云飘浮离开的过程，就是帮助来访者进入到放空状态，也可以说是类似禅定的体验。

关于研究这种状态对心理、生理的改变的文献太多了，也很成熟，大家可以多阅读相关的书籍多了解，当你从理论到实践能够互动式的成长时，你的信念就牢固了，那你的判断和感受都会发生变化。

小白云技术就是通过标准化的操作步骤，创造一种空境的体验，人空无我才能融入更大的能量当中。这既是催眠的核心原理，也是各种功法修炼的终极目的。

02 我能不能在引导上加一句，“这些负面能量排出去以后，让它们去它们该去的地方，不会伤害任何人”。

答

这个问题是一个通病，其实这句话对应着一个暗示：被清理出来的负能量会对他人有伤害。是这样的吗？大家用辩证的思维来想一想，被清理出来的能量本身就已经没有任何属性了，它回到了整体，所有的能量都有阴阳的双重属性，它没有定论。正和负是相对而言的，所以有句话“甲之蜜糖，乙之砒霜”，它的性质是依据这些能量被用到了哪，如何用的。当能量在身体内失去了平衡，它就被称之为负能量。

作为咨询师，我们就是要不断地把复杂问题简单化，抓住了本质，你才能从层出不穷的问题和概念中解脱出来。伤到人的不是所谓的负能量，而是这个人对它的反应和评判。

任何高质量的东西都是通过沉淀留下的，有深远的文化承载功能。在属于精神能量范围内的琴棋书画等，没有几十年的心性磨炼、技法突破以及境界提升，是达不到出神入化和挥洒自如的状态。

我们要相信自己是一切能量的源泉，通过小白云技术操作我们可以随时与“空”相感应。希望每一个体验过的人，在未来的事业中通过助人助己，收获满满！

七 小白云技术在家庭治疗中的应用

小白云技术用于家庭治疗的案例比较少，大概有二十几组，操作前后的对比分值均有明显改善。从案例的效果可以看到，家庭治疗的方向有很广阔的发展空间，很多知名家庭治疗专家也会在他的操作过程中为来访者的家庭成员使用催眠。

笔者也偶尔尝试家庭治疗，通过改变来访者的外环境确实比单一地对来访者做咨询疗愈效果更稳定。

所谓家庭治疗就是：**以家庭成员为对象做团体治疗。目标是协助家人之间去除异常、病态，恢复健康家庭功能。**

家庭治疗的历史很短，在心理和精神治疗行业的发展早期出于保护来访者的隐私，不会将来访者家属纳入治疗之中。

直到1950年前后，在一些心理精神治疗中发现了一些常见现象：通常当病人的情况有所好转的时候，家庭中的其他人可能就会出现问题，尤其是精神分裂症的行为，与家庭的问题都很对应。所以行业内人士逐渐认识到家庭是系统的产物，改变家庭，可能是解决心理精神疾病的有效途径。这些发现推动了家庭治疗的发展。

在二十世纪七八十年代，是家庭治疗的黄金时期。

现在国外关于家庭治疗的课题研究已经确认，当重新调整家庭关系，家庭结构趋于正常的时候，对家庭成员的康复有明显的帮助。还有研究发现加入家庭系统治疗的同时，还能矫正某些家庭成员的病态人格。整个心理咨询行业普遍认同这些观点。

在回溯催眠的访谈中就非常重视这一部分，要了解来访者的原生家庭包括他的亲情关系，每个人的行为都会和家庭成员紧密联系在一起，这是一个不断循环的因果关系。所以很多当下被疗愈的来访者回到旧的环境中还会复发。家庭治疗就是从因上更深入一层地去解决问题。

孩子的问题即是父母的问题，选择解决方法时既可以从孩子着手，也可以从家长着手，问题可以一体两面去解决。

在笔者的案例中，很多年轻人表述，感受到来自家庭价值观的影响，或者说压力。从正面看是家庭对自身命运的强烈关注，从负面看是家长在影响一个独立灵魂的成长。家庭内部的冲突和压力会直接导致孩子以生病来转移矛盾，一旦孩子以病情出现，家长就会被迫反思或者刻意控制冲突，这就是家庭治疗的契机。如果外环境不变，孩子自身的问题很难彻底改变。

在小白云技术研发中加入家庭治疗的操作方法。咨询师

的出发点就是帮助家庭成员共同面对困境，从不同的角度多项调整家庭成员的身心状态。操作中既有彼此独立的部分，又有协同配合的部分，每一个家庭成员之间的问题都是互相关联、互为根源的，通过这样全面纵深的会解决问题，效果比个体治疗好得多。

小白云家庭治疗的操作和个体操作的基础部分是不变的，只有小小的几处区别：

第一步访谈时需要注意的是，家庭成员之间要互动商讨共同要解决的问题，他们需要从生活中聚焦引发冲突最强烈，或者影响度最高的同一事件作为目标，或者同一事件引发的不同的心理障碍带来的冲突，不能分散出各自制定的目标。

为了家庭成员彼此不互相影响，咨询师需要给每一个家庭成员准备一张纸，一支笔待用。在初始访谈中咨询师依然不去问为什么，不去分析家庭成员每个人的内心状态，只说问题是什么。因为，如果试图与一个家庭一起分析，到底是谁引发了什么事情，是谁的责任，这是毫无结果的。

咨询师要将切入点放在从家庭问题中聚焦出的一个共同目标，经过共同的讨论将确定下来的目标事件记在纸上，并且标出它的影响度。

举个例子

这是笔者做过的案例，这个家庭是因为给孩子补课带来的矛盾，孩子的抵触情绪特别大，曾经拿书本砸向妈妈，把自己反锁在房间里，孩子经常发生情绪失控的事。妈妈也很痛苦，但是她认为原则问题不能妥协，帮助孩子自律、磨炼意志是家长的责任。而孩子爸爸认为教育方式并不重要，但不能太影响生活，每天家里鸡犬不宁的他很烦心。很快三个人就聚焦了关于补课这事给家庭关系带来的冲突，妈妈的影响度是 10 分，爸爸是 6 分，孩子是 9 分。这个案例就是非常典型的处理同一事件。

当然也可以再继续做目标的细化，同一事件中不同的身心负面感受，以这两个切入点开始都可以。

举个例子

有一对母子，孩子爱打游戏，家长非常反对，这是一个共同事件。这个事件带给妈妈的感受是焦虑 9 分，带给孩子的负面感受是纠结 7 分。这就是同一事件的不同感受，把这个事件作为家庭治疗的目标问题。

家庭治疗在进入到第二步放松环节时，每个家庭成员各自放松不互动，各自觉察在这个事件场景中的身心感受，咨询师只需要留出一定的时间，在进入下一步之前，问询“都感受到了吗”。每一次确认都是为了让大家同步进入到下一个环节。

第三步找心锚时继续做整体的引导，不做逐一的问询，引导词和个体操作是相同的，只是不需要家庭成员逐一的表述。

引导示范:

现在想象你们不舒服的部位,

感受准确的位置在哪里,

它的边界有多大,

是软的还是硬的,

是凉的还是热的,

它有什么味道,

它有什么特殊标记,

像是什么物品,

每个人都有自己的象征物。

比如,

有人说疼痛的时候像有针在身体里,

有人说疼痛的时候像火烧,

有人说疼痛像是一堆蚂蚁在咬。

慢慢地感受自己不舒服的部位,

打开想象力,

把它想象得越清晰越具体效果越好。

我们将会清除这些让你不舒服的东西,

当你想象得非常清晰就把它画下来。

这个环节的技术要点是尽量统一大家的时间，一般孩子的具象能力强，会快一些，家长会慢一些，咨询师只能参照最慢的速度，大致三五分钟。先完成心锚环节的来访者，可以引导他继续放松觉察，等待其他的成员完成这个步骤，这个环节最好彼此不互相交流、不互相影响，可以通过随时的放松观察，保持大家同步。

以那个补课事件为例，当时妈妈画心锚的时间就很长，好像是兔子形状的一个电动玩具，她非常仔细地在纸上写着兔子的特点，并且注明只要想到补课冲突的场景，兔子就像上了弦一样在自己的心脏里边跳动。儿子的心锚很快就完成了，是从胸口到喉咙里堆满了的烧焦泥土，能感受到他的愤怒。父亲的心锚也很快，比较简单，就是几根橡皮筋，位置是把身体从前到后这样裹了两圈。画好之后让他俩继续闭上眼睛体验这些心锚带给他们的身心感受，等都画完了继续同步到分离和清理的环节，这个环节继续如法炮制，事先约定每个人做好要告知咨询师，可以把心锚拿在手上观察，等待其他人。咨询师需要关照所有人的状态，在每个家庭成员都清理好了各自的心锚以后，再同步进行下一步，确认小白云。

小白云家庭治疗在确认小白云这一步与普通个人治疗的区别是大家要共用同一片白云，咨询师不要去强调和对比每个人的白云是否一样。这是让大家意识到彼此是命运共同体，要齐心协力，用共同的力量与信心去解决问题。

咨询师引导：

都清理好了吗？
现在有一片又大又松软的白云。
来到了你们的面前。
你们看到了吗？
我想让你们做的事情是
把清洗好的象征物
放到这片白云上。

（这里稍等一会，然后继续引导放置）

白云会以合适的方式
安全地包裹住它们，
现在你们都放置好了吗？
稳妥了吗？

（用这种问询，让他们保持着节奏同步。接下来是白云飘移的环节。这个部分的引导和为个体操作是有区别的，家庭治疗是以明确的暗示引导为主，飘浮的过程不做问询，飘移的距离要提前明确定量）

准备好了吗？
现在开始，看着眼睛正前方的白云，

它装载着你们的心锚准备飘移，
白云现在开始慢慢地
向正前方的远处飘移，
飘到了五米，它似乎小了一圈，
飘到了十米，似乎又变小了一点点，
它在继续地往前飘，三十米，
它看起来小了一半。
（给这个距离定量，目的让他们节奏保持同步）
现在白云开始转头往回飘浮，
回到十米，似乎在和大家告别，
看清楚了吗？
现在它继续飘回远处，
一下子到了五十米，
它变得模糊了，
继续，六十米，
它似乎看不见了。

（这个数值不是随意给的，在三十米的时候它小到只剩一半了，那到六十米的时候基本是看不见了，只剩下一个小黑点。所以咨询师的每一句暗示都为下一步骤做准备。接下来准备引导到空境了）

白云还在快速地向远处飘浮，
它已经看不见了，黑点不见了。

（这个转换点可以和家庭成员确认一下，你们感觉到了吗？得到确认之后）

白云继续向远处飘，
它完全看不见了，消失了。
现在你们
眼睛看不到它，
心里也感受不到它，
这里空空的什么都没有。
你们就在这个
极度平静放松的空里
待几分钟，
感觉到心里很舒服了
再慢慢睁开眼睛。

操作结束之后，要写下影响分值，并逐一地查看与问询，总结经验并处理一些可能出现的技术瑕疵。

小白云技术用于家庭治疗是很合适很巧妙的，目标是一致的，这已经是个很好的开始。用统一的容具承载各自的问题，既给各位家庭成员之间留下了自由的空间又能体验到命运共同体，无须配合，自有默契。其实家庭冲突的真相就是彼此意识的分离空间出现混乱。

小白云技术通过合作让家人之间了解到彼此的感受，并且一起体验合一的心理境界，这种增加正面感受和正面思考的疗愈让彼此关注，能量得到流动，是根本的解决问题的方法。

咨询师在操作家庭治疗的时候需要注意的几个问题：

01 催眠空间要提前按人数布置好，椅子和共用的桌子，每个人的纸和笔。

02 操作家庭肯定比操作一个人要思考和处理的问题多，建议咨询师积累到一定的经验，有经验基础的前提下再去操作家庭治疗。咨询师还需要具备较强掌控力和随机应变的能力。

03 家庭治疗当中，家人之间想要治疗的意愿要强烈，排除勉强参加的可能。家庭治疗也可以用作处理其他关系当中的矛盾和冲突的。

八 小白云集体疗愈技术概述

在心理咨询的治疗中，集体疗愈技术的应用在很多时候可以得到意想不到的效果。

随着大众对催眠的了解和认识，更多的人消除了对催眠的困惑、恐惧和神秘感，催眠的服务领域也更加宽泛。除了用于心理治疗，在医疗的疼痛管理，减肥、戒烟、戒酒以及潜能开发、学生教育中得到广泛应用。尤其集体催眠在为考生进行考前减压的作用也非常好。

小白云疗愈比起催眠还要更简单便捷，咨询师和来访者都比较容易放松，而且形式自由没有太多限制，可以现场也可以视频线上操作。学习集体催眠可以更好地满足市场对集体团队的心理疗愈需求。

应用小白云集体疗愈时，对十至二十个来访者比较合适，在同一时间、同一地点由同一个咨询师实施。

通常情况，集体疗愈中的来访者应该具备某一方面或者某一状态的同质化。比如同班的同学，同一个单位或者同一行业的从业者，患有同一种疾病或者同一类型的患者。

集体催眠作用在于创造同一个意识频率，这就产生了集体意识。**集体意识的力量，远远大于个体意识。集体意识创造出一个境界，形成一个气场、磁场、能量场。**当一群人，有同样的意识频率以后，就有了一个共同的境界，相当于有一层保护罩，在这样的境界里，会突破一些个人限制，比如思维散乱安静不下来的人，会在集体中更容易专注，因为集体的意识营造出一个便于专注的场能。

比如，当人们置身于天安门广场的时候，会不由自主地产生一种庄严神圣的感觉，这就是场的力量。在集体中很容易形成一种固定的场，原因是群体中一些人对暗示有特别敏感的反应，会按照咨询师的引导完成动作。另外一些人可能对咨询师的暗示不够敏感，但看到身边的人进入状态，也会不由自主地试图去体验和周围人相同的反应和动作。因为人总是希望得到和别人一样的收获，只有与大家一样才可能获得安心感。心理学上也称的集体无意识。

所以集体疗愈并不像一般人想象的那么困难，只要实施得当，它往往比个体更容易取得良好的疗愈效果。来访者身处群体之中，相互之间有着影响和促进的作用，而且会有一种集体的安全感，这种优势是个体疗愈所没法比的。

集体疗愈该如何操作呢？

准备阶段，在心理治疗室提前按人数布置好带有靠背的比较舒适的椅子或沙发。

来访者坐在靠背椅子或沙发中，找到让自己感到舒适的体位，来让大家处于宁静放松的状态。

讲解：

一会儿我要对大家进行集体疗愈。大家被疗愈之后身体会得到清理，清理后的身体是舒畅清爽的，心情是轻松愉悦的，头脑也会很清醒，短短的半个小时的疗愈，相当于清除掉几年的身心垃圾。

我们会在整个过程中感受到身心逐渐变得安宁平静，你们能清晰地听到我的指令，你们只是把注意力放在我的声音上，就算在放松的恍惚状态，你们也能清楚地听到我在说什么。你们的感觉就像变魔术中一样超出预期的效果。

集体疗愈实操时建议多些仪式感：每人发个表格写上要解决的问题，然后打分，可以省掉心锚部分，操作完再继续打分，对比效果。

小白云操作过程中有任何阻碍，补做三调放松，立刻化解。这个方法就像万金油一样好用，几乎可以解决99%的问题。

做完小白云疗愈后，症状影响度变化不大、不显效或显效后反复的，要继续做，多做，有时候可能一个症状需要被瓦解很多次，它才会慢慢递减直到消失。就像切蛋糕，刚开始蛋糕是圆，切下去一刀，它小了，变成多边形了。这和疾病一样，同一个问题每次心锚也不一样，最后像蚂蚁啃骨头把它消灭掉。坚定信心才会越做越好。

九 关于儿童青少年案例的概述

补充一些小朋友的案例。年纪太小的小朋友笔者只做过十几例，青少年的比较多，总结几点体会。

第一个特点，小孩子是愿意做放松的，他们会以为这是个游戏，咨询师要用和他玩游戏的状态操作，启发他做这种放松的游戏。第二个特点，孩子们真的很容易身心合一。在具象心锚的时候，他们的象征物特别真实生动，比成年人多了很多细节，包括颜色都很鲜明。第三个特点，他们处理心锚的方式也很感性很随性，大概有一半小朋友在治疗中是不用白云这个步骤的，因为白云仕飘浮的过程当中是需要专注力的，小孩的专注力很难坚持那么长时间。

举些案例说明：

案例 1

笔者治疗过一个 5 岁的小男孩，他特别容易扁桃体发炎。他妈妈说他一年里有一半的时间都不能上幼儿园，因为经常要一周一周的在家休息。

小孩子的放松方式基本是做游戏，玩儿的时候他就很放松，当然咨询师也可以说“我们坐一会吧”，能安静下来就可以。很快他就说他喉咙里很痒，有很多蚂蚁在爬。他详细地说了一个类似于蚁王的样子，说有一个蚂蚁个子很大有很多的脚而且头上有触角。

小孩子说他像是个班长在想办法，用橡皮泥把这些蚂蚁都给粘出来，再埋在地下。那顺着他的想法就好，最后埋到地下不见了。

小孩子们心里没病，头脑也干净。他们和成年人的疾病特征真的不同，方法也可以相对小白云简便。根据他们的特点，咨询师们要灵活地运用小白云这个技术。

这个小男孩的妈妈，日后做过回访，说是去年一年发作过两次。他妈妈特别满意，说简直是好太多了，基本正常了。

案例 2

一个小女孩，差不多五六岁频繁打嗝，吃得不对、着凉或者是被吓一下都会打嗝，经常去看医生，也没什么好办法。

通过咨询师引导让她自己观察的时候，她说身体里有个小青蛙，取出小青蛙的时候也很可爱，一张嘴它就蹦出来了，然后就做了一个活灵活现的动作，还大声地卡了一下，最后她要求把这个青蛙放到她家附近的公园的湖里。这个小孩操作以后，她妈妈反馈说再也没有发生过打嗝现象。

案例 3

一个小男孩七八岁，爱和别人大吼大叫、爱生气。先和他闲聊问他为什么生气，他也讲了一些与妈妈、与小朋友的一些事。

继续问他生气的时候难受吗？他说胸口这有一团火，平时的时候是小小的，生气的时候就会变大。然后引导他把这个火取出来。他说放在家中冰箱里。最后笔者又给他提建议，“我们把冰箱放到云上，用云带走它”。

案例 4

一个十岁左右的女孩总是做噩梦，夜里经常吓醒吓哭。和她聊天的时候问她会做什么梦，她说经常会有妖怪一样的人追她。

“你在哪见过这些妖怪吗？她们是谁？你认识吗？”她说是平板电脑上的一个什么游戏。最后我问她，“那怎么办？我们把这个平板电脑处理掉吧？我们不要它了，把这些妖怪也处理掉”。她挺配合的，最后说是把这个平板电脑给放到云上了。小孩子确实挺可爱的，她说她那个云是一个彩色的平板电脑盒的样子，还给它包装得非常好，最后让它飘走了。

小朋友们的心锚如果能够放到云上，会有个特点，就是云一般飘浮的很快，只要引导一两步很快就飘不见了。刚才说的这几个案例都是线下做的。

案例 5

曾经做过一个线上小朋友的案例，但是失败了。一个四岁男孩，妈妈预约的，说他不去幼儿园，问为什么？他说幼儿园的小朋友都不喜欢他，老师说他是坏孩子。连上线以后，没想到他非得把妈妈轰出去。

他妈妈心也很大，快一个小时了，也没有进来打扰过一次。小朋友就翻箱倒柜的给笔者展示他的玩具，根本不听指挥，陪玩了一个小时也没做成咨询。妈妈还特别感谢，因为很难得有人在线上用一个小时的时间陪他玩。

所以太小的小朋友必须现场治疗，否则他不受控。至少十岁以下的儿童不能做线上。

目前，朵朵开平台中儿童和青少年的案例报告逐日递增，并且都取得良好效果。以后也会在合适的时间专为儿童和青少年做案例专辑，以帮助正在经受身心困扰的孩子和家长。

第四章

chapter four

带领读者走进自己的内心，疗愈情绪和身体，

活出一个喜悦富足的自己。

疗愈案例

一 成人身体疗愈案例

1 感冒引起的喉咙哑，说话困难 咨询师曼老师

女士，49岁，私企总经理。4个月前感冒后一直嗓子哑，医院检查喉咙有结节，未手术，在观察。该女士工作忙，嗓子说话困难，喉管越来越细，影响呼吸。

来访者要处理的症状和影响值。

症状：喉咙哑。症状影响度：9分。

身心息放松环节：引导放松呼吸很顺利。

心锚具象特征：像带水的棉絮。有喉管那么粗，大概5厘米长，4厘米宽，3厘米高。一层层的纤维，堆积缠绕在一起，不完全透气，但又没堵严实，扁圆的形状，软而沉，表

面光滑，颜色黄旧，无气味。

心锚的取出和清理：来访者想象用一把钳子把棉絮取出，喝水不停地漱口，最后用水龙头将棉絮冲洗干净。

关键式对话：

咨询师：现在把棉絮清理一下。

来访者：我需要一把钳子，然后喝口水，要不停地漱口。

咨询师：嗯，是清理棉絮吗？

来访者：噢，棉絮呀，要用水龙头冲洗。

确认的白云特征：非常美丽的云朵，花瓣的形状，边缘相连如同山脉此起彼伏，很大。

白云阶段状态：引导来访者把白白的棉絮云朵放在眼前，动到眼前位置。10 米→ 30 米→ 50 米→ 30 米→ 50 米，变小了一点点。80 米→ 50 米→ 150 米→ 300 米，几乎看不见了，一个点，心里还有。300米→500米→1000米，还有，1000米→2000米没有了。2000米→5000米，感受没有了，没有概念。5000 米→ 10000 米，空了，很舒服。在空境中保持了 2 分钟，缓缓地睁开眼睛。

关键式对话：

咨询师：把它放在你的眼前，仔细地检查一下，现在它洗得干干净净，对吗？

来访者：对，洗得白白的。

咨询师：移动到眼前位置，10米→30米→50米→30米→50米。现在有变化吗？

来访者：小了一点点。

咨询师：80米→50米→150米，什么位置你觉得比较舒服？

来访者：肯定越远越舒服吧？

咨询师：它现在看起来有变化吗？

来访者：很小了，只有一点点。

咨询师：从150米→300米→500米→1000米。

来访者：很遥远，彻底看不见了。

咨询师：心里还有吗？

来访者：还有。

咨询师：2000米。

来访者：心里好像没了。

咨询师：5000米。

来访者：感受不到了，没有概念。

咨询师：10000米。

来访者：10000米……空了。

咨询师：空了，很轻松？

来访者：嗯，非常舒服。

来访者在空里保持了2分钟。

疗效以及来访者反馈后测分值：症状影响度为 2 分。症状有很大缓解，喉咙轻微哑，但已经不明显，话说多了也不卡嗓子，真的感觉到完全空了，身体非常轻松。

技术总结

为什么已经清理干净棉絮，在飘移前来访者还是不舒服卡喉咙？白云飘移时，在飘移到 5000 米，已经没概念的情况下，又移到了 10000 米，是否有必要做这个加深？

2 多年腰疾压迫椎管

咨询师马姜楠

女士，67 岁，退休牙医。腰疼算是职业病，多年腰疾，医院诊断髓鞘脱落压迫椎管，只能手术，但医生建议是保守治疗。不犯病时还能活动，犯病时疼痛得严重影响生活。

来访者要处理的症状和影响值。

症状：腰疼。症状影响度：7 ～ 8 分。

身心息放松环节：仅一次身心息放松，约 3 分钟，非常顺利。放松前来访者疼点明确，立刻找到痛点并开始描述。

心锚具象特征：腰椎位置，有一个拳头大小，边缘很不清晰，直径不到 10 厘米，厚度 2 厘米，偏圆形，质地柔软，颜色比鸡蛋黄淡一些，表面粗糙像橘皮，温度同体温，像厚膏药一样的东西，平平地贴在脊椎上。

心锚的取出及清理：用手成功剥了下来，观察自身没有损伤，无须处理。心锚取下后有点干瘪，卷边。

确认的白云特征：白色的，像棉花糖一样，像餐盘一样圆圆的。将意象物兜进去包好。

白云阶段状态：白云从正前方 1 米的地方向前飘移，到 5 米（白云不到 10 厘米），拉回 1 米，前进到 8 米（白云呈火柴盒大小）。询问来访者，答“感觉到 20 米的地方会看不到”。继续向前到 10 米，15 米（白云呈硬币大小），18 米，20 米（白云呈指甲盖大小，仍可以看到），25 米（几乎看不见，仍感觉得到），30 米（感觉不到），最后到 35 米，在这个完全感觉不到，什么都没有了，在这个地方停留。放空停留 3 分钟左右。询问来访者，回答“感觉挺好”，但是没有睁眼，继续在这里停留了 6 ～ 7 分钟后，慢慢睁眼。

疗效以及来访者反馈后测分值：症状影响度为 0 ～ 1 分。来访者说“我感觉轻飘飘，腾云驾雾一般”，起来活动后反馈没有疼的感觉了，很轻松。后续回访追踪，来访者维持良好状态一段时间又有一点反复。后来她也没有回来再做，告知对方自己可以如法操作。

技术总结

这次操作小白云疗愈感觉完成的比较规范，每个环节都很顺利，来访者状态也很好。

③ 腰部持续疼痛

咨询师房晓红

男士，49岁，企业职工。半月前，因为受凉导致腰部疼痛，放射到大腿内侧至膝盖，不能够下蹲、抬腿，影响开车、走路。晚上睡觉会疼醒。医生建议手术。来访者想先保守治疗，中医理疗、针灸、活血化瘀药物都使用了，效果一般，导致来访者非常焦虑、紧张和沮丧。

来访者要处理的症状和影响值。

症状：腰痛。症状影响度：8分。

访谈前，来访者面色凝重，一脸愁容，手心出汗。走路手扶着腰，一瘸一拐，主诉腰痛，腿和膝盖拉扯痛明显，坐不住。并表示对小白云疗愈不了解，很紧张。咨询师详细介绍小白云疗愈的流程，讲了几个成功疗愈案例，使来访者建立对小白云的信任。考虑到来访者之前从不接触练功和冥想，咨询师举例说明什么是具象思维，比方说：有的人心慌明显，像是心里有只小白兔，把这个小白兔放到白云上带走，这个人的心慌就会缓解。还有的人的愤怒像燃烧的火焰一样，等等。又向来访者描述《灵魂在说话》这本书里的解读，腰部问题是生活的方向遇到了阻碍，这个观点，来访者表示同意。

身心息放松环节：通过一次身心息放松呼吸，内观整个身体，大约11分钟。来访者脸部表情松弛下来，呼吸变慢深长了，询问来访者身体的感觉，来访者感觉腿部的疼痛减轻，大腿内侧到膝盖有 20 厘米长度的牵扯痛，不动就不疼了。

心锚具象特征：在膝盖往上到大腿的内侧，有大约 20 厘米的一个长橡胶。膝盖上有一个像手掌大小的，不规则性的麻部位，但没有引导出来更具象的东西。

引导过程中，咨询师看到来访者用手抓膝盖，有些心急，咨询师觉察到自己有执着，暗示自己就算心锚出不来，也是有疗效。心锚出不来就只做放松好了，良好的疗愈关系最重要。又考虑到来访者第一次做小白云疗愈，几次引导后不再追问，进行下个环节。

心锚的取出及清理：过程很顺利，来访者想象用一把锋利的小刀，用起来很顺手，直接把橡胶和麻取出来，心锚和身体不用清洗。

确认的白云特征：大约是人形，像一个成年人的大小，是白色的，摸起来软软糯糯的，不凉不热，感觉跟人体的温度是一样的。

白云阶段状态：共移动了 8 次，过程很顺利，并且来访者认为白云在 500 米的时候就会消失。

1 ～ 5 米：白云的状态几乎没有什么变化。

5 ～ 15 米：像人的大小，也没有什么大的变化。

15 ～ 50 米：是人的大小的一半。

50 ～ 100 米：是人大小的 1/3，类似椅子一样。

100 ～ 450 米：快看不见了，像小黑点的样子。

450 ～ 100 米：来访者不想回去，咨询师表示理解，继续向前移动。

450 ～ 500 米：还是一个小黑点的感觉。

500 ～ 550 米：看不到了，心里还有。

550 ～ 600 米：完全看不到了，空了什么也没有。

疗效以及来访者反馈后测分值：症状影响度为 5 分。来访者反馈右腿的疼痛几乎没有了，但是膝盖的麻还存在。反馈结束后聊天，感觉来访者很信任小白云疗愈法，一直说自己的后腰有个肿块，很想取出。来访者想处理腰部，离开时约好第二天继续小白云疗愈。第二天，来访者反馈昨天晚上睡觉没有被疼醒。大腿和膝盖的拉扯痛和麻的减觉减轻了很多，走路不用手扶腰了。

第二次小白云疗愈，来访者很熟悉流程，简单询问后，开始规范操作。

身心息放松环节：很顺利进入放松环节，放松结束后，来访者感觉腰腿膝盖的症状减轻，不明确处理哪里。咨询师感觉来访者对腰部有心结总是过不去，问询他需不需要处理腰部，来访者表示同意。

来访者要处理的症状和影响值。

症状：腰疼。症状影响度：5 分。

心锚具象特征：椭圆形，像硬币大小的，材质像塑胶的，温度跟体温差不多，是新的，红色的，摸起来有弹性，跟身体是独立的，没有连接。

心锚的取出及清理：来访者使用一把铁质的夹子，头是钝的，很顺利地取了出来。并且用酒精消毒身体，让身体自然修复。心锚不做处理，直接放到白云上。

确认的白云特征：像脸盆一样的大小，白色的，软软糯糯的，跟人的体温是一样的。

白云阶段状态：白云移动共移动了 9 次，过程很顺利，并且来访者认为在 200 米的时候就会消失。

1 米：脸盆一样大小。

1 ～ 5 米：几乎没有变。

5 ～ 20 米：脸盆的一半。

50 ～ 80 米：硬币大小。

80 ～ 5 米：往返 2 次。

80 ～ 100 米：几乎看不到。

100 ～ 150 米：几乎看不到，心里有一点。

150～200米：看不到了，心里也没有了。

疗效以及来访者反馈后测分值：症状影响度为2分。来访者反馈腰部、腿部和膝盖的疼痛几乎没有了，膝盖的麻木感剩余2分。回访来访者已松弛很多，膝盖大约有一硬币大小发麻，疼痛消失，走路、下蹲、睡眠都不受影响。

技术总结

鉴于来访者左脑思维超强，虽然引导的疗愈过程并不完美，有许多瑕疵，但最终的效果有些出乎意料。让咨询师更加相信、喜爱小白云技术，更加信任自己。

体会分享

01 看到来访者情绪状态，打消顾虑，建立信任。

02 觉知自己情绪状态，一切以来访者当下的状态为主，不破坏疗愈关系。

03 放松环节做多久都不嫌长，放松是疗愈的前提。

04 过程中，要信任自己，信任来访者，信任小白云技术。

感恩来访者，感恩曼姨，感恩朵朵开，感恩潜意识，感恩一切！

4 肩背持续痛一个多月，有些严重

咨询师亘古之光

咨询师的母亲，73岁。前段时间，她两个肩膀和后背上半部，连着后脖颈及头部成片的疼痛。每日晨起后更严重，疼得无法扭头，已经断断续续疼了一个月了。

来访者要处理的症状和影响值。

症状：肩痛。症状影响度：8～9分。

身心息放松环节：开始担心老人上岁数，意念力和想象力不够，会影响效果。但是进入呼吸放松阶段，母亲就感到疼痛从毛孔处释放出去，好像汗毛都根根竖着，她的想象力非常好。

心锚具象特征：一根一米多长的新截断下来的树干，有胳膊粗，还能闻到新截断树木的香味。

心锚的取出及清理：取出时，她直接用刀划开皮肤用手取出，同时给创口缝合上药。

确认的白云特征：是一个仙女给她送下来的白云，又大又厚又白。

白云阶段状态：在把心锚物放在白云时，心锚物由树干变成了胳膊粗的竹竿。她就把这根竹竿立在白云上，随白云飘走了，还说云朵飘远时看到了彩霞。最后在空里待了好一会儿。睁开眼后说："这个空里面真舒服啊。"

疗效以及来访者反馈后测分值：症状影响度降到了 2 分。隔天再问母亲，她说肩膀不痛了，起床后也不疼了。还说，过阵子想再做回溯催眠（对于回溯催眠，老人起初是感觉有点玄乎的，不太能接受）。闲不住的老母亲，接下来的两天里就在缝纫机前乐呵地忙活着，做了两身秋天的睡衣。

5 身体多部位疼痛

咨询师朵朵开

女士，73 岁。她一直吃药，认为吃药可以报销，很迷信西药的作用。但经常有口腔溃疡，应该是吃西药的不良反应。老太太平时比较爱讲话，身边没人也会自言自语，让她安静下来体会是需要花一点时间。咨询师用耐心又缓慢的方式沟通，增加她的安全感，说服老人尝试去配合。

咨询师先介绍小白云身心疗愈方式是"需要静下来慢慢呼吸，体会全身处于非常放松的状态，尽可能发挥多的想象力，然后按照引导，咨询师说做什么，就自自然然地去做。通过这短短的半个小时或者一个小时的时间，就能把身体中的疼痛减缓或者消除掉。这个疼痛从意识层面把它清理掉就不再疼了"。

老人在去年年底 11 月份摔了一跤，胳膊被磕到，一直用贴膏药的方式缓解疼痛，可半年过去了，一直没有解决。吃完晚饭，问老人要不要试一下，老人同意了。老人身体有很多疼痛，刚开始不知道解决哪个，商量后确定一次就解决一个问题。

来访者要处理的症状和影响值。

症状：胳膊疼痛，睡不好。症状影响度：7～8分。

身心息放松环节：扶着老人坐好，闭上眼睛，调整并自然地呼吸，感受这个呼吸的流动，觉得呼吸越来越平稳，身心越来越放松。静下来聚焦内心，把注意力放在左边胳膊疼痛的部位上，不用费力，让它自然地发生，不去做任何的改变，只是觉察自己不舒服的部位，保持一会儿。开始做的时候，反反复复清晰这个位置，因为老人理解上会有些吃力，其次就是帮助老人聚焦这个疼痛的部位，感受左肩胳膊，想象这个疼痛在身体里面是一个什么感觉。

心锚具象特征：让老人描述这个疼痛的感受，再慢慢去引导找到心锚。引导老人具象化的能力，需要很耐心、反复地帮助她找感觉。老人开始描述说好像被打了的感觉，又觉得好像被手死死地抓住了。最后确定心锚就是像有一只大手紧紧地把胳膊攥住，稍微一用力就会非常疼痛。确定心锚之后，老人的感受就越来越清晰，更立体了。

心锚的取出及清理：引导老人把它取出来需要发挥想象力。老人在这个过程中时常就没声音了。举个例子，比如咨询师说可以发挥想象用任何方式取都可以，用手取也行。老人觉得做不到，不行。再引导她说："你可以想象一位医生，借助医生的手术刀或者医生的医用工具。"然后她就没声音。这时候问她："是在取吗？有碰到什么困难了吗？或者进到什么程度了？"她说她在等医生……老人的思维模式决定她没有完全理解，就要反复沟通，告诉她要依靠她自己的想象力，自由发挥想象用自己的主观意识把它取出来，这样老人才明白。好不容易取出来了，启发性地引导她想个办法把它清理干净，可以用水、酒精，用光照、用日晒都可以。老人说想用甩掉的方式，再问她甩出去的那个手是什么样的，老人形容说把这只手从胳膊里面甩出来。这个过程进行得还比较顺利，需要清理打包放在小白云上。

确认的白云特征：继续引导，"现在找一片适合放它的白云，一会儿要把它放到白云上，让白云带着它离开，好，现在和我说一下你找到的白云是什么样的"。老人描述蓝蓝的天，没有什么云。咨询师就引导了一片云在老人面前，让老人把它包好。

白云阶段状态：移动的时候飘到 5 米远的位置，又飘了 10 次然后就不见了，最后老人说什么也没有了。在白云飘走的过程中，老人看到的一些景象，看到蓝天，白云，草原，树木。再次引导老人，如果在心里和身体上都觉得是空了的状态，就在这个空里面多待一会儿，感觉非常舒服了，可以睁开眼睛。老人醒了之后，活动了一下身体说："我全身怎么这么轻松舒服，一点也不累。"

疗效以及来访者反馈后测分值：症状影响度为 0 分。

回访时，老人觉得右边胳膊开始疼，还有脚踝，之后连续用小白云疗愈法做了三个地方。老人觉得很舒服挺有效，但平时坐一个多小时不动会很难受。这几次效果非常好。老人之前因为胳膊疼痛不能翻身，一直睡不好，做完之后睡觉时可以很轻松地翻身。

技术总结

虽然这个案例的引导过程非常费力，但是能有这样的效果，也给咨询师了一定的动力。

老人在催眠态中，会被一些其他的景象带走。疗愈结束的时候，老人感觉去天涯海角旅游了一趟。给老人做疗愈需要非常耐心，语气要温和，引导放松很重要，反复沟通要理解她的思维模式。

6 自己减肥

咨询师邢树华

咨询师自己，有同学说用小白云疗愈法减肥，自己腹部肥胖一直很难减掉，今天尝试一下。

来访者要处理的症状和影响值。

症状：腹部肥胖。症状影响度：10 分。

身心息放松环节：我坐在一把硬椅子的前半部分，两腿垂放，两手自然放在腿上，闭上眼睛，感受胸口的呼吸越来越平稳。慢慢地引导自己把注意力放在小腹部位，觉察它，保持1分钟左右。

心锚具象特征：当我在调息时，把意念聚集在小腹部位，脑海开始出现红彤彤的类似火光一样。再次把注意力集中在呼气上，感觉那个小腹部位变成黑漆漆的东西，随着呼气毛孔打开，黑色的东西随着气流一点点消散。最后出现一点光亮，慢慢变大，火光一样全亮了。

心锚的取出及清理：分离阶段，将意识再次汇聚在小腹部位，很亮的火光又出现了，我问自己想把它取走吗？回答：想。分离时先采用水泼，灭火后土地变成黑乎乎的，刚想清理，这时候我的喉咙发痒咳嗽，个别火星又冒出来，就用扫帚扑灭了火星。一片焦土冒着浓烟，用铁锨清理焦土，铲到黄土时感到腹部疼痛。然后用铲车铲时感觉类似痉挛针扎的疼。铲下去发现地下埋藏一个长方形烧得通红的实心铁柜，发着红光，很热。想把它挖出来移进水槽冷却，请来很多帮手很费劲地抬，却抬不动。再次放松凝息，给自己鼓气，终于把它抬出来放进水槽冷却，坑填平压实。

白云阶段状态：送走的实心铁柜太重移不到白云上，最后通过意念把白云变成缕缕钢丝绳索，众人摇晃着配合一起用力抬起来，一切很顺利。把包裹着铁柜的白云放到眼前正前方，让它飘走，20 米，30 米，40 米……80 米铁柜开始变小了，变成一个铁棒。再次拖回来，从 30 米开始，40 米，50 米……经过 10 次它被白云送走了。当白云飘浮到视线的尽头，我问自己：眼睛看不到，心里还有吗？回答：没有了。感觉一片虚无，在空里待了一会儿，大约 5 分钟后睁开眼睛，累得额头冒汗，热气上涌。

疗效以及来访者反馈后测分值：症状影响度为 5 分。我感觉可能还需要做很多次，之后又连续两天给自己疗愈，睡眠质量变好。穿套装时，感觉小腹部位没有那么明显了。

技术总结

需要做多次疗愈才会更起效。小白云疗愈法简单方便，随时可以自我体验，不依赖于他人。

7 右侧耳朵忽然听不清声音

咨询师司曼

设计师，男士。来访者早上上班时，突然右侧耳朵听不清，用手捂着很不舒服，不知道是什么原因造成，自己觉得是上火。

来访者要处理的症状和影响值。

症状：右耳突然听不清。症状影响度：7 分。

身心息放松环节：仅做了 1 次身心放松，大概用了 3 分钟，慢慢聚焦在右耳痛点上，痛的感受就比较清晰了。

心锚具象特征：右侧耳朵的象征物是一个塑料材质的绿色漏斗，漏斗的尖堵着耳朵，漏斗大概有 20 厘米，不太重，没有味道也没有温度。

心锚的取出及清理：来访者把漏斗通开了，然后发现还有一层塑料膜堵着，自己又把塑料膜撕掉，然后问来访者，耳朵部位还需不需要处理，他说不需要，只需要撕下塑料膜。

确认的白云特征：来访者找到了一片一片的白云，密度很大，没有什么味道。

白云阶段状态：共移动了 8 次，过程很顺利。

0 ～ 5 米：颜色浅了，来访者形容伸手能挡住。

5 ～ 10 米：手指大小。

10 ～ 40 米：像一个小白点。

40 ～ 100 米：眼睛看不到了，心里也看不到了。

疗效以及来访者反馈后测分值：症状影响度为 2 分。

技术总结

从技术层面讲漏掉了问来访者是怎么把漏斗弄通了。过程还算不急躁，比较流畅，在各个细节方面还是需要好好再细致打磨。

8 感冒引起的眩晕，视物模糊 咨询师赵好

女士，68 岁。可能是感冒引起的眩晕，不能睁眼，睁开眼睛看到的所有东西都模糊，而且模糊的东西在向左移动。比如看手机，手机是模糊的并向左移动。

来访者要处理的症状和影响值。

症状：眩晕，视物模糊。症状影响度：10 分。

身心息放松环节：因为来访者坐不起来只能躺着，所以只好躺着调息放松，大概 3 分钟左右来访者非常放松，引导她把注意力集中在眩晕的感受上。

心锚具象特征：来访者感觉眩晕明显，像黑白电影屏幕，没有边界。

心锚的取出及清理：想象的只能用手把银幕一样的东西直接扯出来了。

确认的白云特征：来访者始终想象不出白云。经过多次引导和调息都不能想象出白云。

白云阶段状态：来访者很干脆地直接用手把银幕一样的东西扔了，直到看不见，心里也看不见这个东西了。让来访者在空里停留了一会儿。

疗效以及来访者反馈后测分值：症状影响度为 0 分。来访者说眩晕完全消失了。

技术总结

在来访者无论如何都想象不出白云的情况下，就不要执着于白云，可以引导来访者用自己的方式将心锚处理掉。咨询师只是起引导作用，引导来访者使用自己心灵的力量来疗愈自己的身心。

9 多年耳鸣，影响听力

咨询师房丽莉

中年人，在食品厂工作。来访者耳鸣好多年，不知是什么原因引起的。今天解决耳朵听力不好，有时听不清楚。

来访者要处理的症状和影响值。

症状：多年耳鸣，影响听力。症状影响度为 7 分。

身心息放松环节：一次身心放松，约 3 分钟，没有明显好转，放松前，耳鸣明显，没有顺利找到不舒服的点，继续放松一会儿，找到了不舒服的点并具象化。

心锚具象特征：耳鸣部位，耳鸣清晰度明显，不舒服面积大约两厘米，感觉有 5 块石头，不规则形状，表面不光滑，有温度是温的，颜色是灰的，旧的石头。

心锚的取出及清理：成功取出 5 块石头，使用镊子来取的，取得时候比较顺利，过程中没有出血，不疼，有残渣，用能量清理了残渣，没看到有伤口，自然愈合。

确诊的白云特征：红色的长长的云朵，有 1 米长的厚云。

白云阶段状态：包好了心锚的云朵有 2 米长，宽 50 厘米。转移比较顺利，移动了 10 次。

1～10 米：云朵小了，有 1 米大。

10～20 米：有 50 厘米大。

20～10 米：有 1 米大。

10～20 米：有 50 厘米大。

20～40 米：有 20 厘米大。

40～50 米：有 10 厘米大。

50～40 米：有 20 厘米大。

40～70 米：有手指大。

70～100 米：看不见了。

100～170 米：眼前、心里都看不到了。

疗效以及来访者反馈后测分值：症状影响度为 3 分，好了一些，但没有完全好，又移动了 1 次，没有太明显改善，还是 3 分，尊重来访者，以后有机会再做 1 次。

技术总结

这次疗愈中，开始的影响度是 7 分，最后还有 3 分，还是没有达到理想分值，这回语速稍微有点偏慢，以后稍微提一点速，看看来访者的改善会不会大些。继续努力，加油！

10 胯骨周围疼痛站不起来

咨询师赵一阳

男士，48 岁。症状是大腿根部、胯骨、腹股沟上下 15 厘米的宽度这一圈儿都疼……根本没法站起来。来访者 2022 年 2 月份得了新冠，身体疼痛了 10 天。好转以后，4 月初凌晨突然疼痛，如电流般的循环疼，辣疼……不敢碰，腿也没有力气，胯骨无力，夜里腿是麻木的。医院检查了，中西医都用了，效果不佳。已经持续一个多月了。

来访者要处理的症状和影响值。

症状：疼痛感。症状影响度：8 分。

身心息放松环节：坐好后闭上眼睛，保持在放松状态中自然的呼吸。把注意力放在疼痛的部位上，不去做任何的改变，只是观察不舒服的部位。

心锚具象特征：看到自己的疼痛集中在八髎穴，然后变成了小黑点。八髎穴的部位有 2 个 3 ～ 5 厘米黑色的钉子。

心锚的取出及清理：想象自己用气把它们逼出来。钉子出来以后，留下了 2 个洞，还冒着黑水。想办法把这 2 个洞修复好，把黑水清理干净，水变清以后没有任何残留了，最后再用意念把伤口全部修复好。

确认的白云特征：引导来访者想象出一朵白云，很柔软像羽毛一样。

白云阶段状态：把钉子一样的心锚包裹好，放到白云上进行漂移。移动 5 米→10 米→20 米，30 米→50 米，1000 米→2000 米，5000 米。反复确认在心里没有了，身体也感受不到了，身体在空里面停留一会儿，然后缓缓地睁开眼睛。

疗效以及来访者反馈后测分值：症状影响度为 2 分。然后试着让来访者从椅子上站起来，已可以扶着桌子站起来了，只是腿上没有力气。

第二天，针对来访者的其他症状：大腿处根被压迫时会有大小便的条件反射，但是实际上没有大小便，导致来访者不敢吃喝给来访者做了第二次小白云疗愈。

来访者要处理的症状和影响值。

症状：压迫大腿根处有大小便的条件反射。症状影响度：8 分。

身心息放松环节：引导来访者放松，自然呼吸，把意识聚焦寻找哪个部位不舒服，最后确定在右侧胯骨。

心锚具象特征和取出清理：在胯骨上有一根金色的鞋带这么长的带子，绕着胯骨，还打了个结……再想象解开了绳子……又用意念把它们送出体外。

白云阶段状态：引导来访者用白云的方法，把取出金色的袋子放到白云上进行飘移。距离他自己 50 米，100 米，500 米。再回到 30 米，再回到 500 米，1000 米，2000 米，10000 米以外，他感觉看不到了，心里也没有的时候，就让他在这种空的状态里待一会儿。

疗效以及来访者反馈后测分值：症状影响度为 0.5 分，手按大腿根部也没有大小便的感觉了，来访者特别开心。

11 二十几年的脚部疼痛

咨询师刘艳

女士，少数民族，34 岁。自诉脚疼有二十几年。十几岁转山时发现自己跟不上别人，平常不是很疼，脚一累就非常疼。中间去看过很多医生，没什么效果。来访者了解催眠，有坚定的信仰，对意识能量可以改变生命状态非常认可。

来访者要处理的症状和影响值。

症状：脚疼。症状影响度：7 分以上。

身心息放松环节：简单了解后，咨询师在放松阶段加入了平时打坐的引导词，来访者明显进入得比较好，三次呼吸放松后，来访者感受舒服了一点，脚底不适的感受不是非常明显。

心锚具象特征：来访者形容不舒服的脚底板带来的影响并不具象，只是日常化的表达。咨询师引导来访者加入丰富的想象后，她形容像是液态铁遍布在脚底的整个部位，整体是流动的，暗灰色，凉凉的，有一点生锈的味道。

心锚的取出及清理：取出时，来访者想用手，但又担心这个能量会跑到手上，后用水晶净化吸附。一手拿着两块水晶在脚底板滚开滚去，来回绕圈，让水晶把不好的液体吸附进去。来访者感受到处理后的脚底板有明显的伤口，就用白尾草做了消炎。

白云阶段状态：用小白云包好移动的时候，移动到最远处，来访者一直觉得心里还有放不下它。咨询师问到为什么放不下时，来访者说，“要不我们直接扔到最远吧”。咨询师再次问到，“你觉得多远合适”。她说，“50 千米，100 千米以外吧”。再次飘到 200 千米的时候，来访者说，“感觉离太阳升起的地方越来越近，完全没有了”。

疗效以及来访者反馈后测分值：症状影响度为 3 ～ 4 分。结束后，来访者下床走动说右脚疼痛感明显减轻了，而左脚的疼痛感明显。回访了两次，来访者说，确实比之前舒服许多，没想到小白云效果也这么好。

之后来访者进行了第二次小白云疗愈，治疗左脚的疼痛，过程跟之前差不多，不同之处是这次的心锚，来访者描述脚底板有水泥一样的东西，堵塞了整个脚底的经络，是绿色的，凉凉的液体充塞在脚底中细细的像树叶一样的经络里。脚心处像一个圆柱体的水泥，很实很臭。这次来访者用蓝色的吸铁石一点点地清理，吸铁石吸出来的东西放在了一个透明的玻璃杯里，然后放到白云上飘走。这次的白云像小星星一样，里层蓝色的，外层紫色的，最后还变的有一点粉色。白云飘向远方，最后感觉有一束金色的光把它带走了，完全没有了。

来访者反馈脚确实比之前好了，疼痛确实缓解不少。以前去逛街，回来后都快疼哭了。这几天在单位里值班，工作量比较大，但是她的脚并不像之前那么疼。

12 几十年未找到原因的神经痛

咨询师毛栗

男士，78 岁。几十年未找到原因的神经痛，4 年前突然犯了一次很严重的神经痛。大概有五六天精神状态非常差，疼的满身大汗并且疼的心烦，导致他当时起不来，也吃不了饭。因为找不到原因大夫也没有办法，每天大量的吃药也止不住疼痛。

来访者要处理的症状和影响值。

症状：神经痛。症状影响度：10 分。

身心息放松环节：来访者起不来，只能躺在床上。开始 5 分钟左右的呼吸引导后，来访者说想坐起来，慢慢扶他坐在床边，有些担心他坐不稳，咨询师坐在他的对面。咨询师又开始引导呼吸，来访者逐渐放松平静，将意识集中到神经痛的不适处，接下来的引导非常配合。

心锚具象特征和取出清理：来访者想象力很丰富，神经痛就像一把钢针扎在他身体里，分散在肉里。引导来访者发挥想象把这个钢针取出清理，很快处理好了。最后引导来访者做了净化修复。

白云阶段状态：很用心地像平时聊天一样的引导来访者开始找白云，把清理出来的钢针打包放到白云上，完全用白云包裹严。来访者很配合找到一片比较大的白云，又引导他去移动白云，比较慢地移动，前后飘移，最后说白云彻底飘走看不见了，来访者描述说心里完全没有了。之后引导他沉在空的感受里待了几分钟，再次引导他感觉非常舒服了就可以慢慢睁开眼睛。

疗效以及来访者反馈结束后，原本起不来的来访者直接站起来开门下楼梯，下楼时咨询师都没来得及扶着，到楼下家里其他人也蒙了，不知道发生了什么，都很吃惊，简直不可思议。

技术总结

这次小白云疗愈的成功有很多的因素，来访者当时想要减轻疼痛的想法非常强，配合非常好。基本是引导什么就能想象什么，好像明白引导的意义。咨询师在做时也没想很多，只是非常放松耐心地聊天一样轻声引导，一步一步按顺序走，没想到奇迹发生了。

二　儿童身体疗愈案例

1 儿童突然腿痛

咨询师何丽娜

女孩，8岁，舞蹈机构的一个学生。跳舞倒立下腰的时候，突然腿部疼痛并且腰有刺痛感。之后，不能走路，她的妈妈背着她过来找咨询师。

访谈：咨询师建议妈妈在场，咨询师跟孩子互动聊了聊她叫什么名字，年龄，平时喜欢什么。告诉孩子，“今天我们来做一个游戏，这个游戏互动性很强，我问一句你回答一句的方式，整个过程你会看到一些景象，你会感受到你不舒服的这个位置。你还可以把你不舒服的这个位置，想象成任何一个东西，物品、食物，也可以把它当作你的玩具，尽情地发挥你的想象力。想象把身体不舒服的那部分从身体里取出来，放到想象出来的白云上，让它来到你的眼前，然后让它飘走”。虽然小女孩很痛，但孩子的状态很好，很配合。

来访者要处理的症状和影响值。

症状：腰痛、腿痛。症状影响度：10分。

疗愈过程：

咨询师：你坐好了吗？好棒，做的腰板这么直，你可以把肩垂下来放松。感受一下呼吸，有什么样的感受？

来访者：嗯，很慢。

咨询师：好，放松，今天我们玩个小游戏，只需要慢慢地呼吸，放松就好，跟着我的引导，你可以天马行空地去想象。

（她很乖，按照咨询师的引导，很快就进入了状态）

咨询师：感觉一下你的腰里面那个疼痛地方是什么。

来访者：我的腰里面有一个好像白色的药在那里。

咨询师：这个药是做什么的？

来访者：这个药可以消炎。

咨询师：你的消炎药可不可以涂在你腰里面和腿部里面。

来访者：可以，我把药倒在腰上跟腿上了，倒完之后药变成了绿色。

咨询师：你愿不愿意把这个绿色从你的腰里拿出来。

来访者：好，拿出来了。

咨询师：你还痛吗？感觉怎么样，需不需要再做。

来访者：不痛了。

然后，咨询师引导说有一朵云，小女孩想象力很好，这个云来得很快，多少厘米也说得很清晰，飘走的时候也完全没有障碍。

来访者反馈：

这个案例做的时间不到30分钟。因为来访者很迫切，也确实很痛，形容腰部像针扎的痛，腿部也是这样，咨询师把整个流程做完之后，再问她现在感觉怎么样？小女孩说腿部感觉好了一半，没那么疼，腰也感觉好了很多。之后，让孩子坐了一会儿后试试能不能站起来，妈妈在旁边也没有扶，小女孩就独立地站起来，慢慢从房间里面往外走。

技术总结

小白云身心疗愈法太棒了。后来咨询师给小朋友做小白云疗愈没有什么障碍，而且感觉小孩子真的是很快速地进入状态，想象力丰富，配合度高，他们非常的纯粹。

2 儿童鼻炎

咨询师朵朵开

男孩，四五岁，上幼儿园。家长要求处理孩子鼻炎问题，当时鼻炎没有发作。咨询师让小朋友回忆鼻炎的感觉，然后打分。

访谈：这个男孩平时非常调皮，特别好动，脾气大。咨询师把小朋友带到一个单独房间。很放松地交流，说："过程大概半个小时，半个小时的时间里，我们都闭着眼睛玩这游戏，你的嘴可以一直跟我交流，可以吗？你很棒，你可以做到，是吗？"咨询师问小朋友知不知道什么叫想象，他说不知道。小朋友问为什么要闭上眼睛？咨询师说闭上眼睛才能想象，中途不能睁开眼睛，睁开了这个游戏就没效了，这个过程是要闭着眼睛去做的。孩子答应了。

身心息放松环节：引导孩子闭上眼睛，调整呼吸，慢慢地一呼一吸。观察孩子的细微变化。让孩子在脑海里想红色的花，孩子说喜欢小汽车，咨询师说那你就想一辆蓝色小汽车，孩子说想到了，然后咨询师说等会要做一个游戏，用这种想像来做游戏。咨询师让孩子关注自己的呼吸，闭上眼睛。这个孩老在动，总是不断地睁眼睛，咨询师不断地提醒他闭眼睛，表扬他做得很好。总体来说，他配合得比较好，每一步都很配合。

心锚具象特征：让他感受鼻子不舒服，问孩子鼻炎的感受是什么？他说感觉有一个小球堵在那里。咨询师引导孩子去形容这个小球的大小，感受一下不舒服的时候，这个小球有什么变化。是静止在那里，还是动的；是硬的，还是软的；是热的，还是凉的。增加他的感受性，适时给予表扬，“竟然可以做得到这么好”。

心锚的取出及清理：孩子说这个小球比小指甲盖小一点，然后就要把这个小球给拿出来，但不能用手，因为手上有细菌。孩子想到了细菌，知道细菌的某一种形态是一个球形的，就用细菌把小球拿出来放到纸巾上。然后咨询师问孩子有没有伤口，孩子说没有伤口，不需要处理。

确认的白云特征：引导孩子想像一片又大又松软的白云，孩子说白云像脸盆。

小白云阶段状态引导过程：

“现在我想让你把小球放到这片白云上，白云包裹住小球。现在开始，看着眼睛正前方的白云，它装载着小球准备飘移，慢慢地向正前方的远处飘移……

飘到了 5 米，它小了一圈。

飘到了 10 米，它又变小了一些。

它继续地往前飘，30 米，它变得模糊了。

100 米，快看不见了。

白云快速地向远处飘浮，完全看不见它了，消失了。

现在你眼睛看不到它，心里也感受不到它，这里空空的，什么都没有。你就在这个非常平静放松的空里待几分钟，感觉到心里很舒服了再慢慢睁开眼睛。”

后面 1/3 时间孩子一直在打哈欠，孩子可能有点困意。鼓励他，随着他的那个状态往下引导。整体孩子还是很配合，表现得都还比较好。

疗效以及来访者反馈：

疗愈结束之后家长反馈，到现在孩子的鼻炎都没有犯，之前他经常犯鼻炎，比如说吹了空调，还有他家养的小宠物，都会诱发过敏。而且还有一个很重要的改变，就是他原来睡觉不好，很晚都不睡觉，但自从做了小白云疗愈之后，睡觉很容易。

3 过敏引发全身皮肤风疹

咨询师蓝小鱼

男孩，11 岁。突发过敏，全身起满风疹团，瘙痒伴喉头轻度水肿，呼吸急促。家长迅速给孩子喂了氯雷他定，然后第一时间找咨询师给孩子做小白云疗愈解除过敏症状。

疗愈过程：

咨询师和孩子沟通很顺利，男孩说最痒的位置是胸前一片，边说边像小猴子一样不停地抓挠全身。咨询师引导孩子感受痒的感觉，问男孩这种感觉像是什么？孩子迟疑地说："像是一大群小小的恶魔拿着三叉戟在刺我的皮肤。"

咨询师继续引导孩子把这些"小恶魔"全部移走。孩子随着引导把"小恶魔们"做了清洁净化之后全部移走了，接着完成后续程序后咨询师告诉男孩可以睁开眼睛了，看了下时间全程用了 6 分钟。

男孩睁开眼睛后嘟着嘴说："还是有点痒，咦，但是好多了，没刚才那么难受了！"说完咧嘴笑了。其实短短6分钟，他的抓挠动作已经由一开始的剧烈到现在的时不时抓挠两下。

技术总结

孩子的感受力很强，配合得非常好。家长的完全信任和孩子的配合，让咨询师全力安心投入，效果显而易见。

4 重咳嗽

咨询师曹辉

女孩，6岁。最近咳嗽很厉害，每次咳又咳不出来痰，咳得厉害的时候还会吐。在学校和小朋友们一起玩，跑的时候喉咙就会干，也会吐，咳嗽振的头疼。

来访者要处理的症状和影响值。

症状：咳嗽。症状影响度：10分。

疗愈过程：

引导孩子闭上眼睛关注自己的呼吸，慢慢地把注意力放在不舒服的地方，想象那个感受。孩子描述喉咙不舒服的地方有一颗红红的草莓卡在那里，凉凉的。问她愿意拿出来卡在喉咙里的草莓吗？她说愿意。问用什么工具取出来？她说自己用手把草莓抠出来，然后喉咙有血流出来。引导她在伤口处撒了云南白药，又用光照了，伤口很快恢复。引导孩子想象出白云，把取出来的草莓放在五颜六色的云上。打包好放在云上飘走了，前后反复几次飘动，直到孩子看不到，心里也没有，让她在这种感觉里停留了一会儿再慢慢睁开眼睛。

结束后孩子说舒服很多，再测症状影响度为 2 分。隔了 1 天就白天咳，晚上不咳，后来她也没有再咳过。

5 孩子头疼

咨询师 Mary

咨询师的女儿，9 岁。有一天半夜，9 岁的女儿哭着来咨询师的房间说头疼。

疗愈过程：

陪女儿躺下，引导她调整呼吸，放松聚焦疼痛的地方。

咨询师：你感觉那里像什么？

女儿：像一把刀子。

咨询师：是什么样的刀子？长的还是短的？大的还是小的？

女儿：小的，像一把水果刀。

咨询师：什么颜色的呢？

女儿：黑色的把手。

咨询师：刀片是白色的还是银色的？

女儿：银色的。

咨询师：那咨询师们来把刀子从头剥离出来，拿出来，如果给你一个工具或者魔法来帮助它出来，你会选择什么呢？

女儿：镊子吧。

咨询师：那很好，你来把它夹出来。

女儿：夹不出来，太滑了。

咨询师：看来夹子不太行，换个什么工具能够把它弄出来呢？

女儿：那需要个撬子，像扳手一样撬出来。

咨询师：那很好，你去做吧。

女儿：撬出来了。

咨询师：还有残留吗？

女儿：还有一些。

咨询师：那你觉得用什么可以清理干净呢？

女儿：用扫把扫出残渣。

咨询师：那好，去做吧，你做得很好。

女儿：好了，扫干净了。

咨询师：好的，那远处有一朵又大又软的白云，慢慢地飘到了你的跟前，你可以看到吗？

女儿：可以看到。

咨询师：很好，我们让刚才那些垃圾全部飞到白云上好吗？飞上去了吗？

女儿：飞上去了。

咨询师：现在就让白云像打包快递一样，把它们全部层层包住，特别结实，白云可以承载着它们，慢慢飞远了，飞出去10米，你看到了吗？变小了吗？

女儿：看到了，变小了。

咨询师：很好，白云慢慢地飞得更远了，变得更小了。

女儿：妈妈看不见了。

（咨询师担心会反复，就让垃圾都去了宇宙的垃圾处理站）

咨询师：那白云带着这些垃圾去了宇宙的垃圾处理站，在那里这些垃圾都可以变废为宝，白云把它们送去之后，像雾一样慢慢散去了，变没了，你还能看见吗？

女儿：嗯，妈妈，看不到了。

咨询师：很好，现在有白光柱和白色的银河，都是由白光构成的，闪闪发光，熠熠生辉，你想选择哪一种？

女儿：我选银河。

咨询师：好的，银河自头而下，撒在你的头上，帮你修复了受损的细胞，并且给你强大的宇宙能量，从头顶到脚底带走你的疼痛和身体负能量、垃圾，等等。你想象得到吗？

女儿：我能。

咨询师：很好，你焕然一新，舒服极了。好了，还疼吗？

女儿：妈妈，我不疼了。

咨询师：那赶紧睡觉吧。

话外音，可能白天去游乐场坐飞椅吹着头了，导致头疼。

6 孩子眼睛痒，已经抓红肿 咨询师李晨翡

女孩，8岁半。眼睛痒，已持续两周。外部检查没有明显原因，尝试着用一些消炎药。但由于孩子小，又在眼睛的部位，不明原因的用药让人不安。如果不用药孩子就会忍不住去抓挠眼睛，整个眼部已被抓红肿。

疗愈过程：

小孩子对自己的感受很明晰，很快将心锚凝聚成一粒大米那么大的白色硬塑料小圆球，再想象着用挤的方法把它从眼角处挤了出来。

引导孩子想象白云很顺利，天空和白云也很容易出现，将小塑料球放上白云后，白云很快消失不见了。整个疗愈过程不到半个小时，做完疗愈当时就不痒了。转天观察红肿症状完全消失了。

小朋友好动，在整个过程中不断地在椅子上扭来扭去。其实对于小朋友来说只要她的心念在这里，她的意识能集中在咨询师的引导和回答问题上，适度的身体活动并不会造成太大影响。所以针对不同小朋友的特点，为了不让她们分散注意力，咨询师可以调整提问的方式以及语气，让她们觉得回答问题有趣味，是在做一个有挑战性的游戏，这样才能做到始终不分心。小孩子只要能专注，全程配合，疗愈效果非常显著。

三　青少年身体疗愈案例

1 嗓子疼

咨询师米娜老师

女士，18 岁，大一的学生。状况是新冠的第四天，高烧已经退了，现在的症状是嗓子特别的疼，呼吸受阻很费力。

访谈：大学的宿舍环境不是特别安静。视频访谈时咨询师比较简短地介绍了小白云身心疗愈法。它是通过放松、引导、使用深度想象把疾病或痛苦具象化，找出心锚，然后再清除掉。它是通过催眠提炼的技术，这个技术非常的简洁，需要开启自己的心灵力量，通过意识转化去消除和减弱不舒服的症状。

介绍完之后，紧接着告诉她只需要做到放松，跟随咨询师的引导就可以。

来访者要处理的症状和影响值。

症状：嗓子疼。症状影响度：8 分。

身心息放松环节：常规坐姿坐正，这个坐姿是把五脏六腑都归位，用呼吸调整状态，进行放松。来访者用了不到两分钟的时间，非常顺利地感受到不舒服的具体位置，感受的同时呼吸。然后引导来访者怎么在呼吸的同时，想象不舒服会通过呼吸排出去，放松会让正气提升。

心锚具象特征：引导来访者再感受一下这个不舒服的位置，感受它怎么样的不舒服，描述出症状。通过不断地引导提问，让来访者感受给她带来障碍的痛点是什么，开始具象化这个引起不舒服的心锚物。来访者的心锚物是一团棉花，将整个喉部塞住，比较快地确定了形状大小，还有质地，确认了它的密度，里面还有些小孔。

心锚的取出及清理：让来访者使用自己的想象力清除这团棉花。来访者用了两次，第一次是请了一个牙科医生，用一个加长版的镊子操作清理，当来访者说清理完了之后，咨询师让她再去确认，感受一下这个棉花是不是完全的取出来了。来访者体会了一下，觉得还有一部分残留。第二次又进行同样的方法，把剩余的部分全部清除出去。咨询师习惯性地会让来访者认为自己已经清除之后，再次体会并确认有没有残留，原来所在的位置有没有损伤，包括这个镊子是什么样。来访者说其他部分都完全清理干净，只是感觉镊子上还有一点血。这样又引导进行了一次清理，当所有这些全都确认干净，没有任何问题再进行下一步。

确认的白云特征：引导来访者想象一片白云出现，她描述了这个白云的形状、大小、薄厚。

白云阶段状态：引导来访者把心锚物放上去，白云包裹着，其颜色和形状都有变化，像叠起来的被子一样。然后开始移动，这个阶段咨询师引导的米数间隔是 5 米，基本用了 4 次到 20 米的时候，来访者就已经完全看不见了，也感受不到白云的存在，这时让来访者在空的状态里多持续感受一会儿，可以稳定疗效。一小段时间后，确认来访者是不是感觉一切都恢复正常，是不是在一个完全没有任何影响的状态里，确认之后整个过程基本就完成了。

疗效以及来访者反馈后测分值：症状影响度为 2 ～ 3 分。来访者做完之后的不适症状已经感觉不到，整体感觉比较好，只有她做下咽动作的时候会有感觉。咨询师告诉来访者自己不舒服的时候，可以尝试使用这个方法练习。第二天症状影响度为 0。结束之后，告诉来访者小白云疗愈操作完成后，她的疗愈效果还会持续地发生。这个是为了让来访者明白是她自己开启了自己的心灵力量，并且还会持续地产生作用。

技术总结

小白云疗愈法操作比较严谨，来访者配合度很好，理解力强，过程顺畅。其实疗愈过程不是咨询师在进行治疗，而是咨询师引导来访者自己开启自己的心灵力量产生的作用。

2 近视

咨询师王芳

女孩，12 岁。咨询师朋友的孩子。疗愈近视。

咨询师让女孩坐在椅子上，直腰耸肩，然后给孩子介绍小白云疗愈，和她说做小白云疗愈就像有魔法一样，孩子听了很愿意。

操作过程：

咨询师：你觉得眼睛近视有没有影响你？

女孩：嗯，受影响，不想戴眼镜。

咨询师：你想疗愈近视，你能打个分数吗？0～10 分。

女孩：嗯，7 分可以吗？

咨询师：可以，现在放松，自然均匀地呼吸，调整几个呼吸，全身非常放松，把注意力集中在眼睛上，想象一下，感觉这个近视是什么？可以描述一下这个症状。

女孩：嗯，我觉得有个像塑料垫板一样透明的，厚厚的挡在我的眼前，离眼睛有点距离，不是很近。

咨询师：嗯，你想不想把它清理掉。

女孩：可以。

咨询师：你可以发挥你的想象力，用任何工具，把挡在你眼前的这个透明的垫板，把它清理掉。

女孩：好，我想想……我想用小刀割一个口子，然后用手撕下来。

咨询师：可以，慢慢来，仔细清理。

女孩：不好撕，我一点一点地撕。

咨询师：好。

女孩：很费劲，我还在撕……等一会儿。

咨询师：可以，慢慢来……好了吗？

女孩：嗯，好了。

咨询师：把撕下来的透明物先放一边，不用管它。现在你可以想象用白光或者药水疗愈一下眼睛。

女孩：我想用太阳照一下。

咨询师：好，你可以想象从天空中找到一朵云，想象个方法让它下来可以吗？

女孩：可以。

咨询师：你可以把用手撕下来的透明物，放在白云上，可以打包成你喜欢的样子。

女孩：我放好了，我想用胶带把白云粘好。

咨询师：可以，我们现在让白云从你眼前飘走，可以吗？

女孩：可以。

最后以 15 米的距离飘走不见了，然后让孩子坐好放空自己，在这个空里什么都不要想。孩子闭着眼睛放松了好大一会儿，咨询师说可以睁开眼睛了，又过了一会儿，孩子才把眼睛睁开。问她舒服吗？孩子说很舒服，咨询师跟她说，“以后你学习累的时候，你就放松自己，闭上眼睛，然后你的注意力会集中”。

疗效以及来访者反馈后测分值：症状影响度为 5 分。

本来约好一个星期以后再做一次小白云疗愈，后来咨询师的朋友没有打电话，朋友自己不相信小白云疗愈，就没再给孩子做。结果一个多月过去了，朋友给咨询师打电话，预约星期天给她闺女做小白云疗愈。问检查视力了吗，朋友说没空去查，但是她觉得闺女眼睛好点了，最主要的是孩子做了小白云疗愈后变化很大，爱学习了，勤快了，和以前不一样了。

技术总结

咨询师听了心里真是高兴，有人认可，并且孩子有变化，对咨询师来说是给了很大的信心。

因为下午接到朋友的电话，大声笑着说预约预约，咨询师当时愣怔了，问预约什么？朋友说上次给闺女做的小白云疗愈，闺女变化很大。她想让咨询师星期六再给闺女做一次小白云疗愈，还说以后闺女交给咨询师了。咨询师听了很兴奋，晚上吃完饭就到她家，来享受一下那个小喜悦。到了她家，她就说："闺女要写作业，你赶紧给我做个小白云，我的颈椎病犯了，酸痛，头晕恶心。"之后聊了一会儿她的症状过程。

来访者要处理的症状和影响值。

症状：颈椎病。症状影响度：10 分。

身心息放松环节：让来访者坐在椅子上，放松，注意力集中在颈椎部位，感觉它是什么。

心锚具象特征：引导来访者找出心锚，试了好几次，她都说找不到，咨询师让她不用急慢慢感受。她再一次放松自己，静下心来，说看到有三根香蕉在脖子后面。咨询师问是在里边还是在外边，她说三根香蕉从后脖子直接插到头部，感觉一动头都疼，中间一根，两边各一根，颜色是黄色的，香蕉新鲜没有味道。

心锚的取出及清理：让来访者意念，可以使用任何工具把香蕉取出来，她拒绝使用工具，想用手慢慢地拽出来。取出时用了很长时间，咨询师一直等待她，让她慢慢仔细清理，取出以后放在一边。然后让她自己疗愈一下颈椎。咨询师给她推荐了几种方法，她选择了白光疗愈。

白云阶段状态：引导来访者把心锚放在白云上飘走，刚开始的时候她觉得白云老是在眼前飘忽。咨询师让她放松，引导着她慢慢地把白云送走再拉回，用了几次，直到她说 6 米就看不到了，心里也看不到了，然后放空自己 3 分钟。咨询师告诉来访者觉得舒服了就可以睁开眼睛，她等了一会儿睁开眼睛，转动颈椎说很舒服好了，整个头部非常轻松。

疗效以及来访者反馈后测分值：症状影响度为 2 分。

技术总结

非常感谢朋友的信任，整个过程非常顺畅，最后的效果也让咨询师很有成就感，也增强了信心。每一次带着利益他人的目的做疗愈，实际真正疗愈的是自己。

③ 急性咬合肌关节炎

咨询师邵敏

咨询师的女儿，在学校吃饭的时候咬合部位疼痛，下午放学后爸爸带着去看医生，说是急性咬合肌关节炎。晚上咨询师给她试着用小白云疗愈做了清理，效果非常满意。

首先咨询师对孩子进行简单的沟通，了解她的感受，让她对这个困扰打分。

来访者要处理的症状和影响值。

症状：咬合部位疼痛。吃早餐的症状影响度：8 分，晚上的症状影响度：5 分。

简单介绍了一下小白云疗愈，是在回溯催眠里，潜意识给的一种简单、快捷、有效的方法，通过放松深度想象，使用意识转化来清除身心病痛，只要跟随咨询师的引导做就好。

身心息放松环节：搬来椅子面对面坐好，让孩子闭上眼睛关注呼吸，2～3 分钟后，让她把意识集中在疼痛的部位去感觉。

心锚具象特征：孩子说那里有拳头的 1/4 大小的一个东西，圆圆的，白白的，有点黏糊糊的感觉，有点像“史莱姆”。

心锚的取出及清理：让她想象一下，用什么工具可以把它清理出来，她说用吸尘器把它吸出来，1～2 分钟后都吸干净了。

白云阶段状态：引导她把吸出来东西包裹起来，再想象一朵小白云飘过来，把包裹放在小白云上面，小白云再把它包裹之后来回移动了很多次，直到消失不见。最后让孩子感受疼痛的部位，不怎么疼了，好了很多。咨询师又让她想象用光照给清理的地方做一下修复，一会儿她说已经好了……

来访者反馈：

第二天早上，再问她时，她说："已经完全好了。"

4 鼻炎

咨询师李晨翡

女孩，12 岁，刚上初中。一直患有鼻炎，遇到季节变化会更严重，平常呼吸鼻涕多。

来访者要处理的症状和影响值。

症状：鼻炎。症状影响度：7 分。

身心息放松环节：仅 1 次身心放松，约 3 分钟。意识全部聚焦在了呼吸上，聚焦得非常好。再一次把意识集中在引起鼻炎的部位去感觉，感觉它的状态。

心锚具象特征：鼻腔后部，3 厘米那么大，一座灰色的假山，上面有孔。来访者形容自己只能通过孔洞呼吸。

心锚的取出及清理：来访者自己做了一个"假山"反向的模具，可以和"假山"扣合的很紧，她想这样取出心锚。

过程并不顺利，来访者又制造出紫色药液，软化“假山”和鼻腔黏合部分，起到润滑作用。又制造出蓝色药水，使坑坑洼洼不能整块取出的部分得到溶解，变成稀释状态。小块的用镊子夹出。液体状的用两块半纸巾吸出。又造了透明药膏，解决了取出后的疼痛感。

确认的白云特征：引导来访者把形状描述出来，她形容是积云，很厚的，上面白色，下面有点发灰的大片云团。

白云阶段状态：转移比较顺利，引导来访者一步一步顺利消失后，依然反复拉近拉远了 2 次，很笃定地确认心锚确实消失之后，才结束这部分操作。

疗效以及来访者反馈后测分值：症状影响度为 4 分。

操作刚结束时来访者自己感觉有缓解。但是由于清理的过程带来了一些疼痛和麻的感觉（自己后面也创造了透明药膏给涂上）。她说的 4 分里包括尚未消解的麻疼感。后续观察了四五个小时，来访者不像平时那样总找纸巾擦鼻子了。

技术总结

来访者是小孩，思维敏捷，想象力丰富也务实。虽然心锚形状和体积上比较难取，来访者通过咨询师启发，完成了操作过程并清理干净了心锚。整体操作的比较顺利，她自己的放空状态也很不错。需继续回访。

5 感冒引起头痛

咨询师程延梅

女孩，16 岁，高中生。前一天感冒引起头疼严重，头晕，嗓子疼。

来访者要处理的症状和影响值。

症状：头痛。症状影响度：8 分。

身心息放松环节：仅 1 次呼吸放松，约 3 分钟，很顺利。放松前头部痛感明显，放松后痛感有所缓减。

心锚具象特征：脑后枕骨下两边各有一个白色半透明的薄片，椭圆形，5 厘米长，边缘是毛毛的，有点亮，颜色在变浅，摸上去是软的，没有味道，它在闪烁的时候头会发胀。

心锚的取出及清理：深呼吸用气把心锚吹了出去，对心锚原来的位置吹气，吹干净，心锚用水洗干净甩干。

确认的白云特征：白云是一个卡通人物形象，把心锚吃掉了。白云是光滑的，50 厘米大小，淡淡的白色。

白云阶段状态：共移动 14 次，来访者认为在 100 米远会看不见。

0 ～ 10 米：变小了，但能看到小人的全身。

10 ～ 30 米：更小了，一个小碗大小。

30 ～ 50 米：小人坐下等车来。

50 ~ 40 米：面对着来访者道别。

40 ~ 70 米：在车里看着来访者。

70 ~ 90 米：更小了。

90 ~ 100 米：只能看到车。

100 ~ 80 米：大了一点。

80 ~ 150 米：看不到。

150 ~ 130 米：只能看到车尾气。

130 ~ 160 米：看不到车，有山和树。

160 ~ 200 米：车飞了。

200 ~ 300 米：只能看到天空。

300 ~ 500 米：都没有了。

疗效以及来访者反馈后测分值：症状影响值度为 2 分。

疗愈后头疼没有了，但有点晕。

技术总结

来访者想象力丰富，看到的白云都是卡通人物和故事情节。当白云看不见了，让她回看心锚的时候，她看见还有 2 个红点，把红点一起放云里带走。做完后她又感觉头疼，就马上又做 1 次，清理出来 1 条蛇后彻底放松了，让她睡觉休息。后期效果非常好。

6 再生障碍性贫血

咨询师赵一阳

女孩，13岁。再生障碍性贫血患者。诉求是解决她心脏跳的特别厉害，呼吸时胸部会疼的症状。女孩在上幼儿园的时候，有一天摔了一下，就开始流鼻血，之后就经常性的流鼻血。从3岁的时候开始吃中药，后来查出来是再生障碍性贫血。

来访者要处理的症状和影响值。

症状：心脏跳的特别厉害，呼吸时胸部会疼。症状影响度：8.5分。

身心息放松环节：仅1次身心放松，引导来访者调整呼吸，几分钟之后，观察来访者整个面部非常放松。再一次引导她将意识全部聚焦在心脏跳的特别厉害的部位，想象它具体的形状。

心锚具象特征及取出清理：来访者感觉自己的心里面有一颗拳头大的黑色草莓。她没有用任何工具，直接把草莓拿出来。

白云阶段状态：引导来访者发挥想象力想象一片云，把拿出来的草莓放到云上，承载有心锚的云飘到眼前然后移动，差不多5米，10米，20米，30米，50米，100米，1000米。返回到500米，再让它向远处移到5000米以外，直到看不见，心里也没有了，感觉完全不在身体里了，就在空里停留一会儿，觉得非常轻松舒服了，慢慢睁开眼睛。

疗效以及来访者反馈后测分值：症状影响度为3分以下。

来访者反馈：

女孩心脏跳的没有之前速度快，呼吸时胸部不疼了。过了几天反馈吃饭也吃得不错，心情也变好了。

技术总结

来访者是个小女孩，想象力丰富，有很强烈的疗愈愿望。咨询师当时内心只有一个念头，要帮到她，让这个孩子好起来。咨询师和来访者的心念一致，互相配合很顺利，最后呈现的效果是大家共同期待的。

7 右侧头痛伴恶心

咨询师杨霓

女生，23岁，建筑设计师，自主创业。一天晚上，她和朋友们聚餐中出现头痛，提早离场。回家路上电话告知咨询师，咨询师了解情况后，建议到家后给她做小白云疗愈。到家后电话说右侧头痛，伴恶心，最想解决的是头痛。以前经常在压力大、缺觉、情绪不好时，此处就疼痛，持续1～3天，严重影响工作和学习。今天伴有恶心。

来访者要处理的症状和影响值。

症状：头痛，伴恶心。症状影响度：6分。

身心息放松环节：三调呼吸放松后，来访者逐渐放松。

操作过程：

咨询师：如果给疼痛对你的影响打分，0～10分，0分是没影响，10分是最严重，难以忍受，你现在打几分？

来访者：差不多6分。

咨询师：这个疼如果让你描述一下，感觉它是怎样的疼？胀痛？刀割？还是什么？

来访者：说不好。就是很痛。

咨询师：像个什么东西呢？比如石头，木头……

来访者：像个蚊子。绿色的身子，棕色的腿，有2厘米长。2条腿搭在2根线上，这2根线是2根神经。它是活的，但是静止不动，没有嗡嗡嗡声，没有气味。

咨询师：想不想把它弄出来？

来访者：当然想了，太想了。

咨询师：那你把它弄出来，任何方法都行。

来访者：我用手拍脑袋把它打死了。用手把它直接拿出来了。爆浆了，还有我的血。

咨询师：特别好，把血清理干净。把脑壳里的东西也清理干净。没有伤口吧？

来访者：没有伤口，用水都清理干净了。

咨询师：现在看看蚊子是什么样？

来访者：小了，灰黑色的。

咨询师：想不想把它送走？

来访者：想。

咨询师：好，现在观想眼前有一片云，看看多大，像什么。

来访者：比手掌大的白云，像棉花糖。

咨询师：非常好，现在我们把蚊子放到云上打包好，包裹严实，然后送走它。

（引导来访者移动白云，移动8～10次。移动到100米时看不见了，也不挂念了，进入空的感受安静1分钟后，睁开眼睛）

来访者：很舒服了。

咨询师：非常好，现在让你打个分值，你感觉打几分？

来访者：3分吧。很困，想睡觉了。

咨询师：那赶紧洗洗睡吧。

来访者反馈：

第二天上午9点发信息说从昨晚做完小白云疗愈后，一觉睡到现在。头一点儿也不痛了，太神奇了。

四 青少年心理案例

1 总发脾气，同学关系紧张

咨询师菠菜

女孩，8岁。她妈妈说孩子总是发脾气，跟同学和老师关系很紧张。妈妈跟她说“有个阿姨想跟你聊聊天，一聊你发脾气的状况就没了”。于是网上连线，小女孩还是挺开朗活泼的样子，咨询师和女孩开开心地交流，特别顺畅。

操作过程：

咨询师温和地跟她说：跟阿姨做个游戏好吗？

她说：可以呀！

咨询师问：那你为什么总是爱生气呀，是不是心里很不舒服。

她说：嗯，是的。

咨询师又问：生完气，心里很舒服吗？有没有后悔？

她说：……有后悔（视频里表情有些难过的样子）。

咨询师又启发她：生气的时候，心里肚子里是什么感觉呀，比如像有个小动物吗？

她点点头说：是的，是一个兔子，灰色的。

咨询师表示同意跟她说：那我们一起把小兔子拿出来，好不好？

她很肯定地说：可以呀！

白云阶段状态：咨询师耐心地引导孩子，发挥想象力把灰兔子拿出来后，再次启发孩子用美丽又暖暖的白云包好，放到天空中移动它。她说白云飘的越来越远，飞到太阳那里，被太阳烧没有了。这个过程咨询师没有来回拉白云，因为毕竟是孩子，怕时间长了不专注，反而效果不好。引导孩子静静地在空的感受里待了一小会儿，再让她睁开眼睛。

疗效以及来访者反馈：过了几天，家长反馈好很多了。最近家长还发信息说，她女儿说想念治疗的阿姨了，还要阿姨给她那样治疗。

技术总结

孩子就是孩子，简单纯粹。站在孩子的角度聊天沟通，孩子很容易接受。一个温暖而平和的说话氛围，孩子配合度高就有疗效。感恩曼老师，您是播种阳光和爱的人……

2 学习压力，精神萎靡，吃饭恶心　　咨询师李老师

男生，24岁，大学刚毕业，准备考研。面临考研，学习压力大，导致他的身心状态有一点萎靡，不愿意动，对吃饭饮食没什么兴趣。来访者不爱讲话，身体有一点驼背，经常打哈欠，看他那个状态，正气提不起来。

访谈：咨询师简单介绍了小白云身心疗愈法，问他要不做一个试试，来访者同意了。平常的沟通和之前发的视频内容，咨询师觉得对他很了解，访谈的介绍不多。来访者平常就少言寡语，之前说腰疼，没胃口，饿的很快，见到饭菜吃两口又饱了。除了考试学习之外，对所有的事情基本无兴趣。来访者说了挺多小问题，最后综合研究了一下，眼下对他来说最急迫还是解决吃饭，聚焦解决来访者看见饭就恶心这件

事上，实际上他不是厌食。

来访者要处理的症状和影响值。

症状：看见饭就恶心。症状影响度：7.8 分。

身心息放松环节：咨询师准备了一段音频，引导来访者坐好，全身放松，把注意力聚焦到自己的呼吸上，这样做了 5 分钟左右。之后操作的过程中，发现来访者是一个理工男，让他去想象，他只回答说，“我只是饱，不愿意吃饭”。来访者完全想象不出来。这时候咨询师关了音频，对来访者重新进行了访谈。

重新访谈：咨询师详细介绍小白云身心疗愈法，“它是通过放松、引导、使用深度想象把疾病或痛苦具象化，找出心锚，把心锚取出来后清理再清除掉。最后确认白云，置放心锚，白云漂移，白云入空，这样一个疗愈过程。它是通过催眠提炼出这样一个简洁方便的技术”。来访者很认真听完，之后说他不怎么信，他是理工科，觉得没有科学依据，凭空怎么拿，用想象怎么能处理，最后就能好，逻辑说不通。咨询师达不到用他认可的科学化的语态或者逻辑方式说通他，在他的认知体系当中会形成一定的冲击性的。最后咨询师说：“调整身体目的是帮助他扶自己的正气。觉察是让你远离对头脑的依赖，不被头脑捆绑，身体自然放松安静的观察，不加意识的判断，允许和接收不带主观的评判，就可以让身体修复。清除心锚就是清除身心病症。”

咨询师尝试引导来访者：“咱们再试一试，你放下思考，重新做一下放松训练，直觉跟着我的引导，一步一步去做，想象力没有那么丰富是一个正常的现象，想象不出来就去感觉。”来访者同意了。

身心息放松环节：接着重新开始放音频，引导来访者坐好，头颈肩放松，调整呼吸放松，做了几分钟，来访者已经开始非常配合。

操作过程：

咨询师：我们回到胃不舒服的那种状态当中，觉察身体上的不适，沉在这个感受当中一会儿，什么也不用做，不管它有什么样的反应，疼还是不疼，都不去管、不去处理，只是看着它，静静地感受它……好，现在通过呼气用意识释放这个不适，把身体的每一个毛孔都打开，释放体内任何的不舒服。现在告诉我，是什么原因导致你不想吃饭的？

来访者：就是不想吃，见到饭菜不舒服，见到饭菜就饱了。

咨询师：你只是觉得饱腹吗？

来访者：我感觉很饱，是饱腹。

咨询师：你觉得很饱的时候，是有食物冲击，还是什么样的感觉呢？

来访者：是一团气吧，感觉好像有一团气积压在身体里边，整个胃部几乎被这团气填满了。

咨询师缓慢而轻声地引导来访者：慢慢地再一次呼吸，放松。你感受一下积压在你身体里边的那团气，它是什么样子的呢？它有没有形状，是固定大小的，还是有一个整体的结构？

来访者：好像没有形状，嗯，不规则的形状，是一个固定大小。不规则的鼓在胃部内，几乎填满了整个胃部。

咨询师：慢慢感受一下，发挥你的想象力，你可以测量一下，或者估量一下，它大概有多大，它的直径是多少？

来访者：看不见边。

咨询师：那它有密度吗？是什么样的，厚的还是薄的？

来访者：是稀薄的。

咨询师：好，你再去感受一下它有没有颜色？

来访者：没有颜色。

咨询师：那么有味道吗？

来访者：很酸臭的气体。

咨询师：非常好，这个酸臭的气体，不规则地填满了胃，在胃部当中。现在你愿意把它取出来让它消失吗？

来访者：嗯，愿意。

咨询师：好，那怎么样把这团酸臭、不规则的气从你的肺部拿出来呢，用什么工具呢？

来访者：我用的是吸尘器。

咨询师：嗯，吸尘器是什么颜色的呢？

来访者：黑色的。

咨询师：可以用吸尘器把胃部的这团气吸到里面，对吗？

来访者：对。

咨询师：那么吸到的这个气到哪里去了呢？是承载在这个吸尘器里面了吗？

来访者：这个吸尘器是有一个囊，可以承载这些气体。

咨询师：好的，那么就把这些酸酸臭臭的气体，全部都吸到这个有囊的吸尘器里边。现在要给它做个清理，用任何你觉得合适的方法，水冲、布擦、光照都行。清理好了告诉我。

来访者：不需要特殊的清理……好了。

咨询师：现在我们要把它彻底的清理走，我们需要一片白云承载它，一片适合盛放它的白云。现在想象一片你觉得合适的白云，告诉我它是什么样子的，详细地描述白云的状态。

来访者：我找到了是一片灰白色的云，大大的、厚厚的、沉沉的，这个云朵是很奇怪的形状。

咨询师：现在我们要把清理好的，带有这些气体的吸尘器放到白云上，让白云带着它离开。可以吗？

来访者：可以，放好了。

咨询师：现在让这片云朵承载着这个有气体的吸尘器，包裹在这片白云内，向你的眼睛正前方飘浮 5 米……然后移动。

一开始 5 米，10 米，15 米，当拉开一段距离的时候，再问来访者有什么变化，是不是小了，问来访者是什么形状的，有没有变成其他的样子。来访者说只是变小了。

这个过程当中，看着来访者的表情变化，问他，“觉得这个白云飘到哪个距离就会看不见，我们让它飘得越远越好”。来访者说，“10000 米就看不见了”。随后再移回到了 10 米，来访者说又大了一些。这样大概移动了有 20 次。可是移到 10000 米的时候来访者说还在，最后说到地球外就看不见，彻底就移到地球外了永远的消失了，白云飘浮到视线的尽头。

咨询师：你眼睛看不见了，那你心里还有吗？

来访者：心里也没有了。

这时候咨询师告诉他，在这个什么都没有的空里待一会儿，感觉舒服了，可以睁开眼睛。时间不是特别长，大概两三分钟。

疗效以及来访者反馈后测分值：症状影响度为 3.4 分。

来访者的精气神确实在交谈这段时间有变化。做的过程中，在吸尘器抽离期间，来访者的胃就有饿的感觉，来访者说他饿了，咨询师很开心，心里想这么快就有效果，还没做完就饿了，就是有显效的。做完了之后，咨询师问他现在感觉呢？他说挺饿的，这肯定是有效果。

过几天回访问来访者怎么样，他说真的是好了很多。咨询师又发现来访者还有一个好的改变，就是这段时间他的精气神上来了，气色神情好很多，而且来访者愿意去做点别的事情了，并且表现很积极的状态。之前是除了考试学习之外，对所有的事情基本上是没什么兴趣。

技术总结

无论多么熟悉的人，在访谈环节要详细了解做好。咨询师和来访者的配合非常重要，来访者的信任度，来访者身体的放松程度，只有整个人轻松了，才能达到预期的疗愈效果。

3 焦虑，失眠　　咨询师卓娅

女生，23岁，大学刚毕业，正在找工作过程中。入睡困难，容易东想西想，经常夜里两三点才勉强睡一会儿，造成心情焦虑，对生活影响极大。

来访者要处理的症状和影响值。

症状：焦虑、失眠。症状影响度：8分。

身心息放松环节：给来访者做治疗是通过电话进行的。让她找到一个安静的房间，一把椅子，手机免提。引导来访者深度放松，让来访者关注自己的呼吸，并随着呼吸将注意力集中在不适或疼痛部位，这样重复操作2～3分钟。

心锚具象特征：一团黑色的铁丝。来访者诉说感觉头顶紧绷疼痛，疼痛面积约脑门（20厘米左右）大小，像铁丝一样圈着，虚体的，呈圆形，盖在头顶上能笼罩整个头部，但不重，颜色为金属色，没有气味，温度是凉凉的，表面光滑且干燥。

心锚的取出及清理：来访者说自己要用钳子来取出铁丝，取铁丝的过程很顺利，但取出铁丝后造成洞洞伤口，用清水进行了一次清理，冲洗了伤口和铁丝。

白云阶段状态：白云共移动了8次，过程很顺利，直到来访者说看不见了，心里也没有铁丝了后，让来访者在空的状态下静待 3 分钟，来访者感觉头脑清醒，身体也很轻松后治疗结束。

疗效以及来访者反馈后测分值：症状影响度为 2 分。

与来访者约定第二天再做一次，把剩下的 2 分影响度消除，但第二天来访者反馈症状完全消失，不需要再做了，一个星期后回访来访者说自己后来也简单操作了一次，一切都变得正常了。

4 学习紧张，有情绪，压抑 咨询师亚青

男生，16 岁，学生。在学校睡眠不足或有情绪的时候，心口往上一点就会有堵的感觉。

来访者要处理的症状和影响值。

症状：堵的感觉。症状影响度：6 分。

身心息放松环节：仅 1 次身心息放松，约 6 分钟，非常顺利，孩子平时总处于紧张的状态，所以在这里让他多放松了一会儿。身心息放松前，来访者堵的感受不是十分明确，但可以立刻找到堵的点位并开始疗愈。

心锚具象特征：堵的感觉不清晰，不虚也不实，孩子的脑回路很奇特。在问问题时得到了两个需要解决的问题，所以最后选择了一个来进行处理。胸口堵感受到不是实体，堵

的感觉像是在深海里喘不过气，孩子形容类似“力”的东西。从肺到嗓子的距离，15 厘米长，没有形状，以虚的状态在气管里。没有颜色，不湿也不干，没有味道，正常的体温，平时是轻飘飘的，当感受呼吸时又有重量，同时伴随有窒息感。

心锚的取出及清理：取的时候有点费力，他把自己想象成一个神，他称这个心锚是“力”，“力”既然存在，一定是由一些规则组成的，把规则抹除了，这个“力”就没有了。出来以后“力”是散开的，他又用规则把“力”组合起来，接着又用规则把“力”包起来。结束后没有做任何清理。

确认的白云特征：一朵厚厚的白云，高度 1.8 米多，宽度 1 米，心锚放上去就消失了，孩子说这朵白云是专门来消除他的负面情绪的，只要放上去就像融化了一般，消失不见了。

白云阶段状态：移动 11 次，过程很顺利。

1 ～ 5 米：白云变小了一点，不多。

5 ～ 15 米：小了一半。

15 ～ 10 米：又大了一些。

10 ～ 18 米：更小了。

18 ～ 25 米：比乒乓球稍大一点。

25 ～ 20 米：稍微扩大了一些。

20～15米：之前白云大小的一半。

15～28米：乒乓球大小

28～35米：没有了。

35～30米：乒乓球的一半。

30～100米：完全没有了，心里也没有了。

疗效以及来访者反馈后测分值：症状影响度为1.5分。

疗愈后剩余的1.5分是因为当时来访者有两个地方需要解决，1.5分是没有解决的那部分，也相应地减轻到了1.5分。

技术总结

来访者的想象力和自我疗愈能力比成人要强，容易受暗示的程度比较大，因此做完小白云疗愈虽然没有到0分，但是孩子的状态改变了很多。

5 愤怒，激动

咨询师一棵树

咨询师的孩子，男孩，7岁半。需要解决的问题是愤怒和激动。孩子每晚睡觉前，会用平板电脑上一个阅读网课，几乎已经养成习惯，孩子很享受睡前的这个活动。可是家长觉得，网课更多是娱乐，而非实质性阅读，且睡前接触平板电脑不是好习惯，影响睡眠质量。孩子为了尽快打开平板电脑，对待睡前洗漱也很敷衍。家长一时有点情绪，当即决定要断掉他的这个习惯。于是在孩子开开心心拿过平板电脑要打开的时候，家长宣布从现在开始没有平板电脑了。孩子平时有点容易急躁。从快乐的期待到被当头泼冷水，当即崩溃、流泪、大声质问、在房间暴走、揉纸团、摔纸团、把自己关进小房间。家长试图跟他讲道理，无用。只好对他说：“你有生气的权利，想发泄也可以，但是要自己承担发泄的后果。弄乱的物品后面要摆放整齐，扔在地上的东西要事后清理干净。”便不再搭理他。

过了一会儿，孩子哭着跑到家长面前说：“我真的好生气！我没有办法，我控制不了。”

咨询师说：“那我给你做小白云疗愈吧。”

孩子依然哭着大声说：“没有用的，我实在太生气了，我的火气太大了。”

咨询师耐心而坚定地问他：“你相信妈妈吗？相信妈妈，我们就做小白云疗愈，一起把现在的愤怒情绪去掉。”

孩子哭着点点头，说：“好的，那就做吧。”

于是，咨询师牵着孩子的手到了安静的小房间。咨询师抱着孩子，让他舒服地半躺在怀里，让他感受到妈妈的温暖。

操作过程：

咨询师说：“我们一起深呼吸好不好。妈妈带你一起做。”

（孩子点点头。咨询师带着孩子一起做了几次深呼吸）

咨询师说：“你觉得自己现在的愤怒值有多少？0～10分的话？”

孩子说：“都已经超过100分了！”

（孩子依然很激动）

咨询师说：“好，我们现在还是深呼吸好不好。吸气——呼气——吸气——呼气——每次呼气的时候，带走一点点愤怒。每次带走0.1分好吗？”

（孩子点点头）

几次深呼吸之后，咨询师说：“我们现在打开全身所有的毛孔，随着我们一起吸气——呼气——，每一个毛孔都能排出一点愤怒的情绪。全身有那么多毛孔，每一次能排出去1分的愤怒值吗？”

（孩子点点头。如此呼吸了两三分钟后，孩子的脸上已经比先前平静一些了）

咨询师开始帮他锁定心锚：“你觉得你的愤怒是什么样子的？它有味道吗？”

孩子不假思索地回答："是臭的！"

咨询师说："是哪种臭味？便便的臭？还是什么？"

孩子说："反正就是臭的。"

咨询师说："什么形状的呢？它的颜色呢？"

孩子说："红色的三角形。"

咨询师说："哪种红色？粉红？还是什么？"

孩子说："像火一样的红色，火红的。"

咨询师说："它是什么做的？是木头的还是铁的？塑料……"

孩子抢先说："是一块钢板。"

咨询师说："那它有多厚多重呢？"

孩子说："嗯，门板那么厚，十几斤吧。"

咨询师说："它的表面是滑滑的，还是粗糙的？"

孩子说："生锈的，那种红色的铁锈一样。"

咨询师说："好，它是一个红色的三角形钢板，上面生着铁锈，像门一样厚。你看一看它是一个什么样的三角形，等边三角形？直角三角形？还是其他形状的三角形？"

孩子说："等边三角形。"

咨询师说："是一个多大的等边三角形呢？"

孩子说："像电视机那么大，小电视机。"

咨询师说："这个三角形现在在哪里？在你身体里面吗？什么位置？"

孩子说："在我的大脑的神经细胞里。我的神经细胞里都是它。"孩子的情绪有点激动。

咨询师说："那你想把它取出来吗？"

孩子说："想。"

咨询师说："那现在把它取出来。你想一想有什么办法把它取出来吗？你现在有无穷的力量，一定可以的。"

孩子不再像之前那样对答如流。之前所有的答案几乎都是脱口而出的。于是咨询师继续引导："各路神仙都可以帮你哦。他们说如果你需要他们的帮助，他们随时可以哦。奥特曼也在待命，等着你发号施令呢。他们都愿意帮助你。"

孩子明显受到了鼓舞："我让雷神劈了它。"

咨询师说："好的，让雷神劈了它。"

（孩子没说话）

咨询师又问："怎么样了？雷神劈它了吗？"

孩子说："已经劈了。"

咨询师说："劈成什么样了？"

孩子说："劈成两半了。"

咨询师说："还要继续劈吗？"

孩子说："不用了，我让火神烧。"

咨询师说："好。火神是怎么烧的？烧成什么样？"

孩子说："就是喷出火红的火，烧的化成铁水了。"

咨询师说："哦，那铁水怎么样了？要找个容器装起来吗？"

孩子说："不用，让它们都流走吧。"

咨询师说："流去哪里？"

孩子说："流到河里去。"

咨询师说："铁水在河水里是什么样子的？"

孩子说："跟河水混在一起了。"

咨询师说："流远了吗？"

孩子说："嗯，已经流远了。"

咨询师说："它们会流到哪里去呢？"

孩子说："流到大海里了。"

咨询师说："大海是什么样子呢？"

孩子说："好大。"

咨询师说："你还能在大海看到铁水吗？"

孩子说："看不到了，已经找不到了。"

咨询师说："所有的铁水都流走看不到了吗？"

孩子说："都流走了，什么也没有了。"

咨询师说："你现在感觉舒服了吗？"

孩子说："舒服了。"

咨询师说："那你就在这种舒服的感觉里多待一会儿好不好？"

孩子说："好。"

孩子一脸平静地在咨询师怀里躺了好一会儿，喊他的时候，笑着睁开眼睛，又回到了那个活力满满撒娇的状态，最后的状态很轻松，孩子后面也没有再提睡前上阅读网课的事。

6 抑郁离家出走，考前焦虑，学习不稳定 咨询师王智慧

女孩，13岁。抑郁，父母离异，跟爷爷奶奶生活。有美术天

赋，特别喜欢美术，课余时间一直学习绘画，但文化课不好，担心考不上高中，不能继续深造。自述心情烦闷，郁郁不欢，纠结，害怕考试，害怕同学对自己的评价。考试前就焦虑，不打招呼就独自离家到处游荡，也不走远。行为上是寡言少语，低眉顺眼，看人的眼神都是怯怯的，完全没有这个年龄少女的活泼和朝气。

来访者要处理的症状和影响值。

症状：非常焦虑，害怕。

身心息放松环节：给她做小白云疗愈的时候，身心放松很重要。引导孩子放松，缓缓地自自然然地呼吸，几分钟后，观察她完全轻松了之后，引导她把注意力集中在心情郁闷的感觉中。

心锚具象特征：她描述像堵在心口的一团破布。让她进一步具象，最后确认心锚是一团沤在污水中的抹布，有臭味，在心口处塞得特别紧。

心锚的取出及清理：她取出心锚的办法，是用手使劲拽出来，咨询师让她仔细看着这个过程，细化它。她说是把缠得紧紧的破布一圈一圈抽离出来。抽离的过程咨询师会问她有臭水滴下来吗？试着去闻闻那个味道。她会体会一下，说抹布很紧，塞得很结实，是下水道的味道，臭并且很恶心。全部拿出来之后，她先用清水冲刷心口，把污水污染的部位都清洗干净，然后用凝胶消炎安抚周围肌肤。咨询师问她凝胶是什么气味的？她说是薄荷的。咨询师问她什么感觉？她说心口凉飕飕的，很舒服。心锚取出来后，是用塑料袋包严实，外面用盒子封好，准备让白云带走。

确认的白云特征：白云开始像小熊的形状，后来又成了花朵，椭圆的、圆的、长方形的，颜色也会有变化，粉的、蓝的。

白云阶段状态：但凡形状和颜色在变化，咨询师就反复让白云来回改动距离，直到最后稳定，变成一个椭圆形的白色云朵，慢慢放远，直到飘离视线。在这个时候，让她觉察呼吸两分钟，再去看那个心锚，她说真的没有了，心里也没有了。下面让她在这个空的状态中安静下来，冥想一切都在消失，只剩下她自己，然后慢慢地，她自己也不在了，就是一个空空的虚无。她还问：是歌里唱的空空如也吗？咨询师说对，就什么也没有了。

大概几分钟后，咨询师让她睁开眼睛，她说了一句话，“好清凉呀”。之后，她的妈妈来反馈，说女儿回去后感觉很轻松，觉得心口凉飕飕的，很清凉，没有之前那种闷闷的感觉了。而且，还笑了好几次（之前不太笑），说阿姨太厉害了！值得庆幸的是，孩子再也没有离家出走，目前情绪都很稳定。

技术总结

这个孩子内心紧张害怕，没有安全感。身心放松很重要，多花时间让她完全放松。咨询师说话的语气音调高低会给她产生影响，让她感觉到温暖像好朋友一样聊天。

7 学习障碍

咨询师张楠楠

男孩，10 岁，小学生。在家里写数学作业遇到难题，自己的情绪很低落难过。

来访者要处理的症状和影响值。

症状：学习障碍。症状影响度：9 分。

身心息放松环节：仅 1 次身心息放松，整个放松过程约 5 分钟，很顺畅。身心息放松前来访者症结明显，能够立刻找到不舒服的部位。

心锚具象特征：不舒服的部位是心里，感觉心里有一个火炉，是圆形的，颜色是黑色的，跟铁块一样很硬，厚厚的，而且很烫，里面还有红红的火苗。

心锚的取出及清理：来访者想象观音菩萨手中的宝瓶里面的水，洒到火炉上，火炉里面的火就熄灭了。然后他自己就把火炉给拿出来了，个人感觉不需要进行清洗、清理，火灭后就没温度了。

确认的白云特征：白云是一片椭圆形的，灰色的云，没有气味，没有温度。

白云阶段状态：椭圆形的灰色白云把火炉包裹好，转移比较顺利，离得越远，目标物越小，直到完全看不见。

疗效以及来访者反馈后测分值：症状影响度为 1 ~ 2 分。

技术总结

因为孩子是第二次做小白云，所以就没有前面的一些介绍，整个过程比较顺畅，孩子的想象力也很丰富。

8 考前焦虑综合征

咨询师程延梅

女生，23岁，学生。一想到要考试就紧张心慌，焦虑，心里很不舒服。

来访者要处理的症状和影响值。

症状：考前焦虑。症状影响度：5分。

身心息放松环节：仅1次身心息放松约4分钟，很顺利，放松前没有太明显的心慌感觉。

心锚具象特征：一本书，A4纸大小，5厘米厚，黑蓝色的封面上写着“数学”两个字，闻到桂花味。

心锚的取出及清理：用嘴对着书吹，书就吹出去了，书原来所在的空间刷成白色。用布把书擦干净并放进一个袋子里。

确认的白云特征：白云像棉花一样，对那本书来说很大，有桂花味。

白云阶段状态：一共移动了11次，过程顺利，来访者认为会在十几千米外消失。

0～1000米：小了一圈。

1000～3000米：粉色，更小了。

3000～5000米：更小了，白色。

5000～7000米：看不清了。

7000～4000米：大了一圈。

4000～9000米：变成一个点。

9000～6000米：大了一点。

6000～13000米：看不清。

13000～15000米：看不见了。

15000～14000米：像星星一样大。

14000～17000米：眼睛和心里都看不见了。

疗效以及来访者反馈后测分值：症状影响度为0分。疗愈后感觉心里没有什么好焦虑和担心的了，轻松了很多。

技术总结

白云移动到最后的时候，来访者心里还能看见，帮助清理空间时候有小人和兔子，就让来访者把它们都放在云上一起带走，避免出现后遗症。

9 学习障碍，考前焦虑

咨询师赵好

女生，17岁，学生。不想学习，一想起学习就烦躁。

来访者要处理的症状和影响值。

症状：学习障碍，考前焦虑。症状影响度：10分。

身心息放松环节：放松了两次，第一次放松后哭了，说了这一周在学校的全身不舒适，学习的压力，考试的压力，早上起来就想吐的感觉。情绪平复之后继续放松，感觉心脏很疼。

心锚具象特征：心脏的正面有三道被刀割出的伤痕，在流血，血是鲜红的，心脏也是鲜红的。心脏多大，割伤就多长，大概1/5深，从右侧在往外滴血，大概3秒滴1次，她一直在用创可贴贴伤口处，但根本贴不上。

心锚的取出及清理：她自己用线缝上了伤口，不流血了，但有三道疤痕，她目前并不想把疤痕处理掉。

没有白云。

疗效以及来访者反馈后测分值：症状影响度为5分。

技术总结

感觉来访者在生活中有严重创伤并缺爱，这类人一般心锚都是内脏受损，在疗愈的时候内脏上会出现空洞或者伤痕，但只要修复就可以。如果以后来访者再做几次小白云疗愈，会让她内心的不适和创伤得到很好的疗愈。

五　成年人心理案例

1 严重健忘，焦虑

咨询师朵朵开

男士，39岁。对催眠了解不多，他属于病急乱投医，经朋友介绍找到咨询师。他的问题是近4个月有严重的健忘，挂了电话不知道自己说什么了的地步，同时，他快要职称考试，再加一些生活压力就很焦虑。

访谈：感觉他其实有点抱着“死马当活马医”的心态，访谈时间聊的稍微长一点。

来访者要处理的症状和影响值。

症状：健忘，焦虑。症状影响度：8～8.5分。

身心息放松环节：引导来访者做身心息的放松，刚开始他不能很好地进入放松的状态，明显有点紧张无措，放松了大概十多分钟，才进入状态。接着引导他觉察，把意识放在健忘、焦虑的感受上，通过每一次的呼气，把这个健忘、焦虑的不舒服感受释放出去。注意力再次放在健忘、焦虑的感受上，想象一下这个感受是什么样，它的边界有多大，像什么物品，每个人都有自己的象征物。比如有人感觉生气像一团燃烧的火一样，也会有的人说悲伤像冰山被冷冻了。好，你打开想象力，把它想象的越清晰越具体效果越好。

心锚具象特征：一开始挺费力，之后他终于感觉到那是一团深色不透亮的气体，形状像彗星在整个大脑的后面。不知道具体的面积是多少，但能感觉到面积很大，无法估量，没有味道，触觉像棉花一样，也没有温度，不凉也不热。

心锚的取出及清理：来访者说想一脚踢走它，结果他说踢不走，又用烧的方法，之后烟更大了。继续引导他发挥想象力，咨询师告诉他，“你是有法力的，这是需要想象的世界，你可以做任何事情”。这次他说他要用一个喷火的宝葫芦，结果火更大。咨询师继续引导他、启发他，他说换一个，这次是喷水的宝葫芦，可效果也不行。咨询师还是接着引导，这次好一点，他拿一个布口袋吸，说这个布口袋虽然有点小，但是还是能把烟和火吸走了。咨询师再一次耐心地引导他，这回换了一个大的布口袋扣到彗星形状的气体上吸满了，那小的布口袋已经封上了。果然这个效果特别好，他说吸了一会儿，吸走了大部分的彗星的气体，只剩下一点点了，最后他说只能这样了。随后，咨询师引导来访者清理彗星形状的气体，把它拿走之后留下什么伤口。来访者感受了一下说，后脑的位置留下了两条弧形的大深坑。这次他的想象力挺好，他想到的是用推土机把这个深坑填平清理，那个推土机很给力，很快就处理好了。最后，咨询师又引导他做个清理和净化。来访者用吸尘器把布口袋里的东西都吸走了。清理和修复都完成了。

确认的白云特征：厚厚的比较大，像大的棉花糖，颜色有点灰的一片云。把清理出来的东西放到云上，用云朵把它完全包住。

白云阶段状态：引导来访者指挥云朵移动，刚开始移动是10米比较快，后面让他移动50米,100米，比较慢地移动。再后面引导他上下左右前后的漂移，最后说云朵彻底飘走了。来访者说云朵飘走的时候是被一个热气球带走了，完全看不见了。咨询师问是眼里和心里都没有了吗？他说都没有了。咨询师告诉他，飘到空是目标。之后引导他在空境里去感受，让他沉在那个感受里带了几分钟。再次引导他，“你觉得非常舒服了再慢慢睁开眼睛”。来访者大概待了有3分钟，就睁开眼睛。咨询师问他什么感觉，他说非常放松。

疗效以及来访者反馈后测分值：症状影响度为3分。来访者说身体感觉挺舒服。大概过了半个多小时，他给咨询师发消息说，他又感受了一下，觉得特别高兴，身体很舒服。心理上的不好的能量给清除了，脑子也不像之前那么闷了，头脑里清亮了，心里也轻松很多。整个状态都轻快放松了一些。来访者希望下次再做，听到这种反馈，咨询师特别开心。

技术总结

能学以致用，能帮助到别人，对咨询师来讲，真的是一种很大的鼓励。

❷ 工作压力大，疲惫想哭，情绪低落 咨询师匡隽

女性，46岁，教师。咨询师的好朋友，才华横溢，性格直爽，为人大方，自我认同极强。

操作过程：

咨询师：你这次主要是想要解决什么问题？有什么问题困扰你？

来访者：我最近工作压力比较大，感觉在单位尽管工作出色，但因为各种人情世故，个人抱负实现不了。还有一部分来自家庭的压力，出现情绪不稳定，常常觉得疲惫想哭，不自主哭泣。厌恶周围环境，睡眠差（伴随哭泣）。

咨询师：哦，那你的问题可以归结为情绪压力，对吗？

来访者：可以这么说，是这样的。

咨询师：好的，我明白你的感受，你感觉这种情绪的压力对你的影响有多严重，如果从0～10分计算，分数越高影响越严重，你打几分呢？

来访者：咨询师打10分。

咨询师：好的，咱们今天来放松一下，我来帮你释放一下压力。我们用的方法是小白云疗愈，来源于回溯催眠提炼的一种简单便捷的催眠技术，已经积累了很多成功的案例，小白云疗愈能够有效地解决当下遇到的心理或身体的不舒适，过程也比较简单轻松，并且还可以反复多次使用，还适用于

小孩子，所以你不用有心理负担，等一下你只要放轻松，跟着我的引导就可以了。

来访者：好的。

咨询师：好，现在请你坐在椅子的前二分之一，可以把腰挺直，双肩放松，请把眼睛闭上。

来访者：……

咨询师：好的，现在心神内敛，把心神逐渐收回到身体里，关注自己的呼吸节奏，不用去改变它，只是去关注，只是关注……随着呼气把情绪释放出去，放松，放松……让全身的毛孔都打开，放松，放松……让坏情绪从全身的毛孔消散，消散……如果你觉得已经够放松，可以睁开眼睛。

来访者：好了，放松了。

咨询师：你现在感觉怎么样?

来访者：比刚才感觉稍微轻松一点。

咨询师：好，现在再闭上你的眼睛，把注意力关注在坏情绪上，用你的心灵去感知它……你感觉它像一个什么物体?

来访者：感觉像一团云雾，笼罩着我的头和双肩的云雾，让我看不清方向。

咨询师：好，你看一下，这团云雾有多大?

来访者：看不清，感觉它太大了。

咨询师：好，那么它是什么颜色?

来访者：白的，发灰色。

咨询师：它有没有气味和重量，有温度吗?

来访者：没有气味，很重，压得咨询师喘不过气，没有温度。

咨询师：好的，现在你想不想把这团云雾从肩膀去除掉。

来访者：想。

咨询师：好的，你想象一种方法把这团云雾去除，任何方法都可以，可以使用任何工具，或是请求其他帮助，任何你需要的都可以做到。

来访者：……

咨询师：你想到了吗？用什么方法，用什么工具？

来访者：我想不出办法。

咨询师：你可以使用世界上任何方法，物理的、化学的、高科技的、能量的，任何办法……

来访者：我想用一束光，劈开云雾。

咨询师：可以，这束光是什么样的呢？你看一下，它是什么颜色，有没有温度。

来访者：很强的，像电焊一样的光。

咨询师：好，很好，你用这束光把云雾劈开。

来访者：……

咨询师：你劈开了吗？

来访者：没有，只能穿透云雾，把云雾辟开一条缝隙。

咨询师：只能劈开缝隙吗？试一下用这束光把云雾消除。

来访者：消除不掉。

咨询师：好，你试一下，跟着光劈开的缝隙走，向云雾的外面走。

来访者：好。

咨询师：你走出去了吗？

来访者：已经到云雾的边上了。

咨询师：好，继续走，一直跟着光继续走，一直走到云雾的外面去。

来访者：走出来了。

咨询师：好，你已经完全走出来了吗？现在从外面看一下这团云雾有多大。

来访者：一米乘一米，大概一个立方体。

咨询师：你看一下它的形状是什么样的。

来访者：是一个像馒头的形状，灰白色的。

咨询师：非常好，现在把这团云雾打包起来。

来访者：我感觉太大太重，拿不起来，也打包不起来。

咨询师：好的，你现在想办法把它变小，可以用任何方法，魔法也可以，你想一个办法，可以用有法力的法器，任何方法都可以，把它打包起来。

来访者：变小了。

咨询师：变得多小，你看一下。

来访者：就是一个馒头那么大。

咨询师：好的，你现在把它打包起来。

来访者：它还是很重的。

咨询师：你可以用工具或法器。

来访者：我想用一个红色的福袋，上面有发金光的福字，我把它装起来了。

咨询师：好的，现在请你想象一朵云，任何样子的云。

来访者：可以不是云吗？

咨询师：可以，可以用任何能漂浮的东西，你想一想，找一个能漂浮的东西。

来访者：我想用一个飞毯。

咨询师：可以，现在你把这个装了云雾馒头的福袋放在飞毯上。

来访者：……

咨询师：你放上去了吗？

来访者：放上去了。

咨询师：现在让飞毯来到你正前方，你看见它了吗？它有多大，是什么颜色？

来访者：看见了，大约两三米，就像地毯一样。

咨询师：好的，现在飞毯向远离你的方向飞出去5米，你再看一看，有什么变化？

来访者：变小了一点。

（经过几次远近的漂浮）

咨询师：你的眼睛里看不见飞毯，心里也没有了吗？

来访者：没有了。

咨询师：好，现在你在一个空空的，没有任何东西，没有任何打扰的空里，请你记住这个感觉。

来访者：我可以看见天空，蓝蓝的天空，可以感觉到旁边有一些类似松柏的植物。

咨询师：好的，你在这里感舒服吗？

来访者：挺舒服的。

咨询师：好，在这里休息一下，放松一下，直到你感觉可以了就慢慢真开眼睛。

来访者：好了。

咨询师：你现在感觉怎么样？

来访者：轻松了许多。

咨询师：如果让你再次对情绪影响打分的话，您打几分。

来访者：打 4 分吧。

咨询师：不错，你配合的挺好，没有完全消除的部分，有机会还可以再做一做，再继续减轻，甚至消除一下。

来访者：好的。

来访者事隔两天后给咨询师打电话，反馈最明显的感觉是不再看谁都“不顺眼了”，遇到什么事也能平顺地看待解决了。

技术总结

不把催眠刻板化、教条化，在严格遵守催眠技术基本的原理和原则基础上，可以根据来访者的反应，因势利导灵活处理复杂多变的情境，让来访者有相对充分的发挥空间，行使好咨询师“引导者，陪伴者，守护者”和“管道”的作用，使催眠过程顺利畅通的进行完成，帮助来访者解决问题。

③ 脸上雀斑，心里造成很大阴影

咨询师朵朵开

女士，30 多岁。脸上雀斑长时间困扰，对内心影响很大。

访谈：访谈时间挺长，因为是线上做，分了两段连线。通过访谈了解了来访者脸上的雀斑对其内心影响非常大。来访者说因为这个事情不敢社交，出门害怕碰到熟人、朋友、亲戚，还说出门都是戴着帽子，不想让别人看到她的脸，这个事情已经在她心里造成很大阴影。咨询师先简单介绍了一下小白云技术的原理，“是通过催眠提炼的技术，它是通过放松、引导、使用深度想象把疾病或痛苦具象化，找出心锚，然后再清除掉”。这个技术非常的简便，也非常的有效。

接下来与来访者的交流很顺利，来访者只要信任咨询师，愿意接纳咨询师的引导，然后发挥她的想象力，保持这个放松的状态，一切都自然发生。

来访者要处理的症状和影响值。

症状：脸上雀斑。症状影响度：10 分。

身心息放松环节：先将身体坐好，背要直，头正颈直，双肩自然放松，双手自然垂放。咨询师放慢语速轻柔地引导来访者闭上眼睛把意识往回收，全身放松，保持一分钟。观察到她的面部开始比较舒展一些。

操作过程：

咨询师引导来访者：当你放松的时候，呼吸能帮助身体自我修复，现在把意识放在脸上雀斑的位置上，放松，通过每一次的呼气，把这个雀斑的不舒服感受释放出去，停留一会儿……不舒服释放完以后有什么感觉呢？

来访者：我感觉释放的时候，好像皮肤在呼气。吸气的时候皮肤也在吸气。呼气时，从鼻子里面把不舒服的感觉都排出来了。挺轻松的，比之前紧巴巴的感觉要舒服一些。

咨询师：特别好，接着往下进行。还要坐正坐直，闭着眼睛放松，放松在整个过程中很重要，让你的心定下来。把注意力放在脸上雀斑的位置上，想象一下不舒服的部位，它的边界有多大？像什么物品？比如有人说身体疼痛的时候像针扎一样，也有人说疼痛的时候像火烧。好，你慢慢地感受自己不舒服的部位，打开想象力，把它想象的越清晰越具体效果越好。

来访者：感觉雀斑像一层厚厚的面具，让我没有办法使用我的面部表情，影响我的正常生活，导致这些情绪状态。

咨询师：特别好，很清晰，你能描述一下它的轮廓吗？是什么材质的，这个质地是虚的还是实的呢？

来访者：感觉是一种血痂，厚厚的挡在面前，紧紧地盖在脸上，粗糙的，干巴巴的，很重压着我的脸，没有办法正常微笑，就像一个面具死死地压在我的脸上，很不舒服，喘不过气。

咨询师：嗯，你是否愿意把这个取出来呢？

来访者：非常愿意。

咨询师：好的，不要限制自己的思维，发挥想象力，用什么方法都可以，用自己想象出来的方法取出，分离出这样的一个像面具一样的血痂的雀斑。

来访者：我用手。

咨询师：好的，没问题。你可以进行，如果过程中需要帮忙或者有什么问题，你再告诉我。

来访者：我用手一点一点像卷轴一样，把额头上面积比较大的雀斑卷出来，需要几分钟时间，有点慢……好，上面的卷完了。往下面不知道怎么卷，突然感觉没有力量了。

咨询师：发挥你的想象力，脸部下面可以尝试从左边往右边卷，或者从右边往左边卷，或者从眼皮下面往下卷都可以。

来访者：好的，我试试看，有点慢，大概需要有三四分钟。

咨询师：不要急，慢慢做。

来访者：好了，卷完了。

咨询师：卷完了？全都卷完了吗？

来访者：是的，我又重新卷了一遍，从额头开始又卷了一遍。

咨询师：好，你可以用任何的方法，可以想象一下用包装包起来，也可以像面团一样给它揉起来都行，用你的方法，只要给它严丝合缝的包起来就行。

来访者：好的，我先把这个面具放到一个塑料袋里打包一下封好。

咨询师：非常好，包完以后感受它是什么样子？再感受一下重量。

来访者：包完以后，是一个直径40厘米的灰色的球体，雨云的质地，还是挺大的。我还在前面放了一个蝴蝶结。

咨询师：特别好，卷下来的像血痂一样的雀斑，需不需要清理一下，因为这个斑在你脸上有很长时间了，它影响着你真正的表情。我们可以用山泉水，或者你能想象到的任何可以清洗的物品，清洁一下，包括你的面具。您觉得用什么方式去处理更好？

来访者：我想用观音菩萨手里的杨柳净瓶里的甘露水，把我的脸和整个面部的血痂清洁了一下。

咨询师：清洁完了以后需不需要滋养一下，毕竟被覆盖那么长时间。你可以想象用白光去照，再给它滋养和疗愈一下。

来访者：好的，我开始用白光照一遍，照完了，感觉我的皮肤有点痒。

咨询师：有痒的感觉正常，可能因为一下子把它剥离出来很嫩。现在再发挥你的想象力，用什么方法都可以，或者可以借一颗仙丹去疗愈那个痒的感觉，因为这就像草药一样，把你的皮肤进行滋养和修复，你就不会觉得痒了。

来访者：我试试……有感受。

（观察来访者的表情，在慢慢放松）

咨询师：怎么样？

来访者：好舒服，好清凉的感觉。

咨询师：那现在还痒吗？

来访者：不痒了。

咨询师：挺好，接下来我们把包裹好的并清洗完的血痂和面具送走，需要发挥想象力，找一朵白云或者任何的云都可以，不一定是白色的云，找到一片这样的云把它送走。

从开始找到心锚取出，然后放到云上飘走，大概用了11次。第一次先让来访者放在眼前感受那个云的感觉，因为球直径比较大，就让她向正前方移，一点一点地直接移动5米。咨询师说完5米，来访者感觉这个像云的灰色球，一下子移到10米的位置，觉得一下子跑过去了。来访者希望这个灰色的云球赶紧离开。咨询师又让来访者回到1米处的感觉，看看这个球有没有变化，当这个灰色球体从正前方到5米再回来的时候，其实球的直径已经从40厘米缩小了一半，变成了20厘米，之后又进行了大概11次来来回回。最后差不多在第五次的时候，咨询师问来访者觉得这个灰色球体到多多远的位置完全看不见，来访者说1000米。咨询师说现在才到200米，要慢慢移，然后又进行移动200米，500米，700米，900米，当到900米的时候，来访者说好像已经没有了。咨询师问是完全没有，还是感觉没有。来访者说觉得到900米，1000米的时候，能感觉到1000米之外是风，就是一出那个限制，风一下子就带走了。

然后咨询师问来访者："你心里面还有风吗？有什么别的感觉吗？来访者说："什么也没有。"咨询师："你在这个什么都没有的这个空里边待一会儿。觉得非常舒服了再慢慢睁开眼睛。"

来访者待了两三分钟，就睁开眼睛。

咨询师问她什么感觉，来访者说好轻松。咨询师说那你刚才在空的里面是什 t 么感觉呢，来访者说在那个里面感觉好像轻松在飘，身边都是白云，很轻、很柔软、很舒服。

疗效以及来访者反馈后测分值：症状影响度为两三分。这个效果确实挺明显的，之后又进行了一下复盘。咨询师告诉来访者，这两三天观察一下，如果在这两三天有什么感受或者变化，及时沟通，也可以自己试着用这样的方法进行疗愈。

10 天之后，来访者跟咨询师复盘，很激动地说跟朋友出去玩，朋友们都说她脸上的斑淡了很多。来访者觉得很开心，她自己没特别明显的感觉，但是朋友们都说她脸上斑淡了，然后感觉她的性格比以前开朗爱笑，之前她不爱说话，也不愿意跟他们互动。又过了一周，来访者特别开心直接跟咨询师连线，说现在自己都觉得脸上的斑淡很多，有些地方几乎和皮肤颜色一样，已经看不出来了，只有下巴这一点儿。其实来访者本身这个斑还挺严重的。咨询师留有照片对比确实很明显，特别替她开心，咨询师觉得这个小白云技术太厉害了，这个效果非常的明显的。

技术总结

这次的问题是既解决脸上严重的雀斑，又解决由于雀斑而导致的心情不太舒畅。其实表面上是雀斑问题，但是通过解决斑的问题把来访者的心打开了，来访者的内心不那么自卑，没有那么压抑，状态变好，导致她脸上的斑也随之变化，这个确实也挺让咨询师有很深的感悟。

4 惊恐

咨询师李晨翡

女性，35岁，晚上不敢关灯睡觉，日常易惊恐、易被吓着。

来访者要处理的症状和影响值。

症状：易惊恐。

身心息放松环节：经过三调放松，来访者聚焦呼吸时呈现出频繁打哈欠情况，但整个身体很放松。

心锚具象特征：先是一个大的彩色皮球，卡在腹腔中部。描述内脏已被卡变形，腹腔的上下两部分不能正常连通。

心锚的取出及清理：引导来访者凝聚意识能量，去寻找一个可以取出心锚的工具，来访者回答说用一个 U 形吸铁石。把吸铁石一端从唇内深入喉咙，皮球可以被磁铁的力量吸出去。这种取出方法和心锚物之间缺少合理的关系，咨询师判断来访者存在没有觉察到的东西，就引导她再次三调放松，观察一下皮球周围及内部，看看有没有遗漏什么。来访者重新内观，发现皮球内部有一个 2 厘米见方的铁块。至此心锚物和取出工具之间就有了必要的衔接关系。

由于来访者之前描述的皮球体积远超过正常人喉管可通过的尺寸，并不确定这个心锚物可否被一次取出。但从另一角度，每个来访者在用意识的能量进行疗愈时，都具有非凡的想象力和特征，能否最终被取出很大程度上取决于来访者的“心理力量”而非“合理性”。她们在遇到具体问题时，往往会基于自身能量有创意地寻找到最合适的办法。所以咨询师没有提出疑问，决定看看来访者自己怎样来解决。

吸铁石吸出心锚物时，在接近喉管的位置果然被卡住。来访者说皮球太大，堵在那儿过不去。引导来访者身心息放松，让她自己去感受和判断，用什么方法才能使皮球顺利地从较窄的喉咙通过。来访者想到了皮球放气针，后面可以连带一条细管，针插入皮球后气体从导管直接排出体外。皮球软下来，很顺利就从嘴巴出去了。

当心锚被清理出身体后，来访者表示心锚变成了一条活的蛇，之前蛇内部的铁块变成一颗蛇蛋被蛇盘着。来访者感到非常害怕和无力。按疗愈步骤接下去要进行心锚物的动态送走。但来访者的恐惧和无力，使她无法凝聚力量对心锚物做必要的盛容控制。来访者一直处在和意念中的蛇互相瞪视对峙状态，内心紧张无所适从。咨询师所有的提示引导，来访者几乎都回答不敢或者有困难。她怕蛇袭击所以一动也不敢动。咨询师引导她又做了一轮身心息调整，鼓励来访者尽可能去寻找自己认为有力量的东西，不要局限，所有被想到的，在她认知里的力量都可以帮助她。很快就有太上老君出现了，帮她看住了心锚物（那条蛇），缓解了她的恐惧情绪。

确认的白云特征：引导来访者抬头，在意念里看向天空。找来一朵白云将心锚物和用不到的工具进行一一包裹。

白云阶段状态：白云带着来访者所有的心锚在移动中渐渐飘远消失，但她的白云下面连着巨大的绳索，又被两根巨大的木桩固定在地面上无法漂移，局面再次僵持。来访者用尽力气尝试解绳索搬移，咨询师鼓励她，让她在自己的世界尽可能把这些障碍好好地处理。这时来访者表示天兵天将出现了，他们具有巨大的力量轻松帮她解开绳索，挪走巨大的木桩。咨询师又引导她找一片足够大的白云，把所有这些东西都包好送走，来访者顺利地找来天兵天将协助她把这些庞然大物打了紧实的包裹放上白云。

所有的一切坐上白云消失之后入空的部分，来访者描述她的境界是树林、溪水、阳光、巨石等一片非常美丽惬意的风景，她非常享受地在这个环境里沉浸了很久，这是她意识里最美丽的地方。

来访者恐惧问题得到一定改善，转天就可以试着关灯睡觉了。经过一段时间，慢慢从关灯后还有一点不安到可以自然睡。几周后反应惊惧状态也在慢慢缓解。夜晚曾被野猫吓过一次，在过去，同样的惊吓她会产生严重情绪反应，做过疗愈后惊恐情绪很快就过去了。

技术总结

来访者自主意识比较弱。由于情绪上的害怕和无力导致推进的勇气和能力比较弱。过程中发现她对信仰有很强的依赖感，引导来访者借助信仰的力量完成整个疗愈过程。从疗愈效果上看起到相对积极的作用。空境部分没有体现出一个标准的空的境界，来访者本身精神压力比较大，情况比较复杂，尽管出现的不是最理想的空境，但在相对美好惬意的氛围里来访者的沉浸放松也起到了疗愈作用。空境是一个自然而然到达的境界，有的来访者会一步到达，有的来访者会一步一步趋近，每步都有实际的效果及意义。

5 情感障碍

咨询师朵朵开

男士，装修工人，很爱自己的家人。但近些年，他总是怀疑自己的妻子出轨，做了很多跟踪调查也没有找到证据，但是他摆脱不了这个想法，很痛苦，家人也很受折磨。

访谈：来到工作室聊了 1 个小时之后，咨询师给他介绍小白云疗愈法的原理后，问他被那种负面想法控制的时候，感觉是哪里难受，他告诉咨询师是心那个部位很难受。

来访者要处理的症状和影响值。

症状：情感障碍。症状影响度：5 分。

身心息放松环节：做了前期的放松之后，咨询师再让他去体会那个痛苦情绪时，他说是头疼。

心锚具象特征：通过大约 2 分钟的仔细观察，他渐渐观想出心锚是像树根一样的几根黑色的线，从右半脑向左半脑延伸，柔软、偏热、没有气味，长度不确定，从粗到细延伸到了左脑看不见的地方。

心锚的取出及清理：来访者确认了想从身体剥离掉之后，他想到的是用一个崭新的银灰色镊子把它们抽出来。一开始，来访者表示很艰难弄不出来。咨询师对他说："你能行的，你平时做装修建筑工作，你的手很巧，而且有力量，你一定可以把这些线剥离出来，你要加油！"大约 5 分钟之后，主要的部分已经剥离，但还有一些非常细小的线残留在大脑中，来访者表示镊子操作不了。咨询师让他再想想，看看有没有其他合适的工具？鼓励他一定有办法的，只要能想到，就能做到。后来他想到了用橡皮擦把它擦掉了。操作完之后咨询师让来访者观察一下大脑有没有地方受伤，他说线的起源部位有点疼，处理一下，可以用药水杀菌、消炎、止痛。于是他找到一个装着白色药水带喷嘴的瓶子，对那个疼痛部位做了处理。

确认的白云特征：起初找到的一朵白云很快飘不见了，于是又找来第二朵白云，把装着心锚的垃圾袋包在里面开始了移动。

白云阶段状态：当咨询师引导来访者把白云移回的时候，他拒绝移回。咨询师解释说移回来再看一下，是不是包好了。停了几秒咨询师问："它回来了吗？"来访者说云在那里没动。只好又继续引导向远方移动。当咨询师再一次引导移回的时候，补充了一句："我们最后要向它做一次告别，为了让它再也不要回来……"这时才成功地移了回来。最后一直移动到了 5000 米之外，来访者才说既看不见了，心里也没有了。在这种空的境界中他待了 2 分钟就睁开了眼睛，然后主动告诉咨询师在空境的感觉非常舒服。

疗效以及来访者反馈后测分值：症状影响度为1分。咨询师问这1分是什么感觉，他说好像有的地方还有一点痕迹，没有擦干净的感觉。咨询师说那下一次再好好地把它擦干净。

技术总结

操作之前需要向来访者说明白云来回移动的意义，比如：提升自己内在的力量，加强对心锚的控制，确保让它一去不复返……以防移动过程中来访者抗拒移回的操作。

6 烦躁不安

咨询师李晨翡

女士，45岁，会计工作。母亲在身边的时候，她的唠叨和依赖让来访者觉得烦躁不安。

来访者要处理的症状和影响值。

症状：烦躁不安。症状影响度：8分。

身心息放松环节：2次身心放松，第1次3分钟，意识聚焦呼吸和问题都聚焦的很好。中间换了下坐姿，又引导了1次身心息放松1分钟。

心锚具象特征：在心脏里，一个边缘带毛岔的木头桩子，像断了的桌子腿头那么粗，鸡蛋那么大。新木头，浅色，很坚硬。

心锚的取出及清理：来访者自己创造了一些药，喝下去心锚就在体内融化成了黑水，从肛门排泄了出去。排出后引导来访者反复观察了身体内部，确认排出得非常干净了。来访者将黑色汁液排到了马桶里，想用清水冲走。在这一步引导来访者用更好的方法（白云）处理。来访者为了保护心脏，造了 8 个药丸吃了。

确认的白云特征：一朵很厚的白云，被子那么大。来访者去摘了足够大一块。

白云阶段状态：把马桶和盖子用胶带封了起来。又用取下来的白云给马桶严严实实打了个包。白云包袱像被子叠起来那么大，80 厘米长的包。

转移消失得非常顺利。

1 米：比枕头大，比刚才小。

10 米：枕头大。

15 米：靠枕大。

20 米：手掌大。

25 米：鸡蛋大。

30 米：黑点。

35 米：看不到：还有。

40 米：看不到。

45 米：没了。

来访者的空里是蓝天，非常开阔，他在空里待了很久。

疗效以及来访者反馈后测分值：症状影响度为 1 分。来访者反馈总结，感觉自己的态度也是过激了，过激变成了惯性思维。放空后自己意识到了这点。

技术总结

在白云推拉阶段会推拉好几轮，直到来访者无论在远处还是近处都看不见了才会结束。咨询师会让每个来访者将心锚放上白云之前，用白云给心锚打个包，包裹严实。希望这样做，会给来访者心理带来更多安全感。

7 更年期引起的情绪低落

咨询师于永红

女士，55 岁，国企退休干部。处于更年期，由于更年期引起的情绪不太稳定加上家庭关系里面的问题，心情郁结，情绪低落。

来访者要处理的症状和影响值。

症状：更年期引起的情绪低落。症状影响度：10 分。

身心息放松环节：1 次身心放松，非常顺利。

心锚具象特征：像一团雾，缠缠绕绕着自己，无色无味，像人一样大，包裹着整个身体。

心锚的取出及清理：来访者想用拒绝的方法，拒绝他离开自己，用的是念头，把心锚排除掉。

确认的白云特征：白白的一大片白云。

白云阶段状态：这个过程也相对顺利。50 米小了，40 米，30 米，100 米更小了，50 米变大，500 米小小的，800 米看不到了，心里也没有了。

疗效以及来访者反馈后测分值：症状影响度为 2 分。效果还是不错的，来的时候面部表情绷紧，做完小白云疗愈，面部展开了，表情轻松了。

技术总结

当来访者说心锚是人体那么大的时候，就有点不知道怎么处理，来访者也没有用具体的东西处理，但是效果还可以。需要在访谈时做足功课。

8 工作环境压力大，很焦虑 咨询师司曼

女孩，职员。工作压力大，感觉很焦虑，处处得不到支持，生活感觉没有动力，很吃力。工作压力结合环境压力，让来访者很焦虑。

来访者要处理的症状和影响值。

症状：焦虑。症状影响度：7 分。

身心息放松环节：用了大概 3 分钟放松呼吸法，来访者就找到了痛点，说是头部、肩膀、后背都不舒服，然后说头部比较厉害，就先处理头部问题了。

心锚具象特征：来访者感觉头部里有一根直径 1 厘米的银白色的钢管，横在两侧太阳穴之间，是潮湿的，臭的味道，大概 20 厘米长，10 千克重。在钢管的上方，整个头部全是深黄色的潮湿的土，酸臭的味道，来访者形容有 20 千克重。

心锚的取出及清理：来访者在取出心锚时，感觉自己所处的环境很潮湿，很不舒服也很无力。后来她走到一个有树的湖边，感觉轻松很多，空气很清新。后来她把潮湿黄土清理掉，放到了植物的根部，她觉得这是对植物有好处的。又把周围打扫得很干净，她感觉很舒服。后来她又把钢管取下来，拿在手里，也进行了清理。这时候感觉脑袋轻快了很多。

确认的白云特征：她找到的云是白色的，不是很厚也不

是很薄，大朵的。

白云阶段状态：很快把钢管放到白云上。转移的时候不顺利，过程有点复杂。反复飘了很多次，很远了，后来让她飘到太空，飘到黑洞里，她看不到了，但总是很牵挂一样，用放大镜去看，来来回回，总能看到黑点。后来她又把钢管融化成了小球，想把它们沉到湖底，可是怎么也下不去，她感觉那小球不愿走。咨询师提醒她，可以找个盒子装起来，再投入湖里。后来她找了一个红色的首饰盒，把小球放在首饰盒里，发现它变成珍珠了，还看到里面有个小孩，那个小孩很依赖她，不想离开她，她也不想让小孩离开自己。后来把珍珠带在身上，像项链一样，她感觉心里很轻松，快乐，很高兴。

疗效以及来访者反馈后测分值：症状影响度为 2 分。

技术总结

注意细节把握，在前期找白云阶段，要让来访者具象云的样子。操作过程充分尊重来访者自由意志，只要她是轻松的、愉快的就可以。

9 失眠，入睡困难

咨询师李晨翡

女士，42 岁，自由职业者。失眠，入睡困难。即使睡着后也会时不时醒，睡不踏实。

访谈（线上视频做的疗愈，面部表情清晰）：来访者学习过小白云疗愈法，有一定主观意识。所以做的过程中会感觉来访者一边跟着咨询师往前走，一边又在主观地自己琢磨。来访者失眠状况主要表现为入睡困难，其次是睡不踏实的情况。但是只要睡着了休息的还不错。

来访者要处理的症状和影响值。

症状：失眠，入睡困难。症状影响度：9 分。

身心息放松环节：1 次身心息放松，时长为 3 分钟左右。过程中只要来访者面部有思考的表情或者不自觉的身体摇晃，咨询师会随时介入让来访者深呼吸放松。

心锚具象特征：来访者感觉心锚从头部位置连接到胸口，长度比较长，在询问来访者自己感受时说可以连带着一起从身体里取出。心锚从头部到胸口长 70 厘米，宽 7 厘米，不规则的长方形，胶质有黏度有弹性，和周围感觉到胶感粘连。最初凉凉的，过程中开始有热气，颜色是混浊的透明，像鼻涕。

心锚的取出及清理：用像吸尘器一样大的吸管吸干净，吸得非常干净。成功取出心锚。来访者将取出的物质放在一个金丝袋里。取出后咨询师引导来访者去重新观察取出部位，发现有残渣。来访者用清水冲洗，用酒精消了毒，自己又想到了用白光给伤口做疗愈。清理好后咨询师让来她把用到的工具也与心锚放在了一起，装在金丝袋中。金丝袋里包着所有的垃圾，体积像小盆那么大。

确认的白云特征：床单一样大的白云，白白软软的，白色边上有点蓝。

白云阶段状态：来访者将心锚包成了 60 厘米的方形白云包。白云包转移还算顺利。

共做了五六轮（每轮飘移五六次）。

1 ～ 10 米：白云包 50 ～ 60 厘米。

10 ～ 25 米：白云包 30 ～ 50 厘米。

25 ～ 40 米：白云包 15 ～ 30 厘米。

40 ～ 69 米：白云包 5 ～ 15 厘米。

69 ～ 80 米：白云包 2 ～ 5 厘米。

80 ～ 120 米：白云包 0 ～ 2 厘米。

120 米以外：看不见。

疗效以及来访者反馈后测分值：症状影响度为 2 分。过了 2 天来访者主动联系咨询师说，这两天睡得很好，没有入睡困扰了。

技术总结

该位来访者学习过小白云疗愈法，这反倒成为咨询师引导她的障碍。在她的面部表情上总能感觉到咨询师每做一个引领提示，她都在内心评判与自己所学的比较。咨询师在这种情况下都是引导她做深呼吸，进行身心调息，再慢慢进行下一步。

10 内心积压家庭的怨气委屈

咨询师樱桃

女士，56岁，公司副总裁。退出公司管理后，闲在家享受生活的同时，精力放在处理家庭事务上。虽然把每个人都照顾得很好，长久的包容和忍让付出，没有得到明晰回应及公平对待，回馈和企业里完全不同。内心积压了一部分委屈，对自己身心造成一些伤害。此次要处理的是与母亲的隐形关系问题。来访者对母亲、对亲人都付出了很多心思与金钱。一次偶然发现的事，突然意识到自己并非像自己所认为的那样被母亲认可和偏爱，内心失衡，觉得委屈，非常气恼。

来访者要处理的症状和影响值。

症状：委屈。症状影响度：5.5分。

身心息放松环节：进行了多次身心息放松（整个催眠过程的一半时间几乎都用于身心息放松了），由于来访者的状态，咨询师一直观察她的表情，进行判断怎样继续，图像思维需要深入带领，出现很少的一部分，在每一个卡顿的地方都会引导来访者进行身心息放松。

心锚具象特征：意识聚焦在不舒服的地方，感觉到一块鹌鹑蛋大小的石头在胆的位置。来访者在具象心锚时甚至感受到了整体胆那个位置大面积疼痛，但催眠结束后疼痛现象也消失了。

心锚的取出及清理：因为来访者本身信仰宗教，所以在清理心锚时来访者描述是她内心有呼唤上帝给她爱，于是上帝的能量就出现了。用白色的光不但直接化解了她的心锚，甚至给她全身都做了清理，甚至包括她周围的环境。清理好后包裹在了一个椭圆形的能量蛋里，像个茧蛹包着蚕那样一片白茫茫，全是爱和能量，柔柔的软软的把她包裹了很长很长时间。让来访者重新去检查一下心锚所在的位置，她说不但那个石头没有了，整个位置都像一个打扫的特别干净的房间，清爽干净。然后自己感觉整个身体也是无比清爽干净，特别清透，连周围的环境也是清透的。

白云阶段状态：这个来访者跳过了确认白云步骤，直接进入的空。

疗效以及来访者反馈后测分值：症状影响度为 0 分。

技术总结

在访谈时，以自然聊天解惑的方法介绍小白云疗愈法，对来访者做说明，来访者产生疑问的时候，以她愿意接受的方式回复。

在做小白云疗愈前来访者非常犹豫，跟她访谈时也感觉到了她的疑惑。担心催眠这种方式与信仰有冲突，也是这种疑疑惑惑的心态在刚开始时，有点影响来访者的具象心锚状态。但是整个过程完成以后，来访者得到了非常好的疗愈效果，她自己非常惊诧。

11 脱发导致焦虑

咨询师程延梅

女士，55岁，护理员。头顶有一块突然脱发，引起了焦虑，做过一次治疗，没有取出心锚。今天感觉头晕，发沉。

来访者要处理的症状和影响值。

症状：脱发导致焦虑。症状影响度：6～7分。

身心息放松环节：1次身心息放松，10分钟左右，中间被打断但没有受影响。

心锚具象特征：头晕的感觉是一片黑色，慢慢被另一片白光吸走了，随后脱发的位置找到一条白色细线一样的虫子，3厘米长，在头顶钻来钻去，有时候会停下不动。

心锚的取出及清理：来访者用一个白色的玻璃小瓶放在虫子旁边，然后虫子自己爬进去，盖上一个塞子封住瓶口。用水冲洗了脱发的位置，消毒并撒了一些黄色的药粉。

确认的白云特征：白云仅比瓶子大一点，雾腾腾的感觉。

白云阶段状态：一共移动了30次，移动的很慢，还算顺利，来访者没有给出想象的消失距离。

0～100米：云小了一半。

100～120米：有四叶草一半的样子。

120～80米：没变化。

80～150米：看不见了。

150～110米：像个小碗底大小。

110～140米：大了点，白色。

140～200米：白色，大碗口大小。

200～400米：小了一圈，暗了一些。

400～1000米：小碗口大，快不见了。

1000～900米：小了一圈，有亮光。

900～1500米：白色周围有蓝色的云。

1500～2000米：看不清，云周围有红色斑点。

2000～2100米：指甲盖大小。

2100～2500米：没变化。

2500～3000米：没动。

3000～2700米：大一圈。

2700～3500米：没动。

3500～3100米：盘子大小。

3100～4000～5000米：没动。

5000～4600米：没动。

4600～4800米：看不清。

4800～5200～5600米：没了。

5600～5400米：没有了。

5400～6000米：眼睛和心里都看不见云了。

疗效以及来访者反馈后测分值：状症影响度为0分。疗愈后头晕没有了，心里轻松了。

技术总结

这次白云的移动很慢，还会有不动的感受，引导来访者不能急，要反复找到白云的位置，慢慢移动走它。

12 因孩子抑郁症引起家长恐惧担心

咨询师高婷

50 多岁。孩子抑郁症多年，自己也被折磨的身体疲惫，长期压抑的生活导致有恐惧害怕的不良感受。

来访者要处理的症状和影响值。

症状：恐惧。症状影响度：9 分。

身心息放松环节：1 次放松 5 分钟，感觉自己一想到孩子的病情就像置身于小时候溺水的游泳池里，胸闷无法呼吸。

心锚具象特征（匮乏性资源象征物）：游泳池。

心锚的取出及清理：她想象有一个游泳高手，是男性，把她从泳池里拉出来，出来之后感觉自己焕然一新，然后咨询师引导她连水带泳池一起放到白云上。

确认的白云特征：很大很大的白云。

白云阶段状态：比较顺利。

疗效以及来访者反馈后测分值：疗愈后觉得很舒服，第二天给咨询师反馈，当天睡眠质量很高，分值要过几天看到儿子才知道感受有没有变化。

技术总结

第一次遇见匮乏性资源心锚，咨询师也不知道处理的对不对？当时来访者从泳池被救出，已经说明感觉和游泳池已经没有关系了，咨询师还是引导她把游泳池送上了白云，而且她虽然体会到了放空的环节，咨询师还是觉得她没有完全好，肯定至少还需要再做一次疗愈。

13 财富恐惧

咨询师刘艳

女士，30 岁，目前属于待业状态，想要处理的问题是财富恐惧。

来访者要处理的症状和影响值。

症状：财富恐惧。症状影响度：7 分。

身心息放松环节：1 次放松，感觉对恐惧有更深觉察了，集中在双肩和双手臂，还有后脑勺。

心锚具象特征：一块不规则的石头，像岩石一样偏白，有三四厘米的样子，有一点点偏热，表面是干燥的，很沉很有分量。

心锚的取出及清理：用手取出来后，用自来水清洗了一下。

确认的白云特征：白色的软软的像棉花一样。

白云阶段状态：

5 米：感觉变大了。

1 米：变得清晰了，不再模糊。

5 米：直径五六厘米。

8 米：2 厘米大小。

2 米：有 5 厘米大小。

10 米：1 厘米大小。

12 米：小拇指头大小。

20 米：看不见，找不到，在记忆中有。

40 米：没有了。

疗效以及来访者反馈后测分值：症状影响度为 1～2 分。咨询师问："是不是确定清理干净了？"来访者说不确定。

技术总结

这个来访者是处理财富恐惧，白云移动步骤图像开始并不清晰，做了放松之后开始有所好转。

14 原生家庭问题和产后抑郁症 咨询师林众

女士，34 岁，公职人员。

访谈：来访者已婚，育有一子，夫妻感情和睦。原生家庭是独生女，父母均是公务员，平时比较忙，小时候是在农村跟着姑奶（爸爸的婶婶）长大，和父母之间有疏离感。结婚后小夫妻单独生活，有了小孩子以后，长期居住在来访者的父母家，孩子由父母和保姆同时照顾。来访者自述，母亲退居二线以后，更年期综合征非常明显，常常和来访者发生冲突。最近矛盾升级，已经达到不能见面的地步，来访者搬回自己的家后，每天送孩子到父母家楼下，保姆下来接孩子上楼，中午来访者回家吃饭，母亲则选择离开家躲避，尽量不见面。从来访者的表象来看，她有产后抑郁的症状。来访者自述心口常常是堵的，喘不过气，非常难受。

来访者要处理的症状和影响值。

症状：心口堵。症状影响度：9 分。

身心息放松环节：由于来访者非常的激动，只能让她先放松，放松过程大约用了 30 分钟，引导她找一个她认为是安全的，可以是真实存在的，也可以是想象出来的地方，除了真实的人不能进入，其他的都可以放在身边情景。然后，她开始哭泣，自述她回到了她小时居住的房子，和她的姑奶在一起玩耍，房间里有光，她很快乐。把来访者引导回现实后，让她感受当下身体的状态，她说整个身心比刚开始时好了很多。

心锚具象特征：来访者心里还是有点堵，无法平静下来找到心锚，经过引导后自述，堵在心里的是一块石头，颜色是褐色，呈现不规则形状，有重量感。

心锚的取出及清理：取的时候比较轻松，她自己用手把石头拿了出来，还带出了一点血，心里还有创面，用水清洗后，创面复原。

确认的白云特征：来访者很快就找到了一朵厚厚的很大的白云，石头放上去晃晃悠悠的。

白云阶段状态：共移动了 9 次，过程还算是顺利，最后石头从白云里掉了下来，白云飘走了。

1 ~ 10 米：白云小了。

10 ~ 20 米：白云又小了一些。

20 ~ 30 米：白云更小了。

30 ~ 50 米：白云还是看得很清楚。

50 ~ 40 米：白云又大了一点。

40 ~ 60 米：白云又小了。

60 ~ 80 米：白云更小了。

80 ～ 70 米：稍微大了一点。

70 ～ 150 米：白云动得太快了，石头掉下来了，白云和石头都不见了。咨询师本想继续把石头放上白云的，但来访者说可以了，石头不会再回来了。

疗效以及来访者反馈后测分值：症状影响度为 1 分。催眠结束后，来访者反映说终于可以喘口气了，脸上也有了笑意。她评价疗愈说剩余的 1 分是需要她自己来解决的，咨询师相信她可以的。

技术总结

小白云技术中的访谈放松环节非常重要，能快速地解决来访者的痛苦，这让咨询师更加有信心。

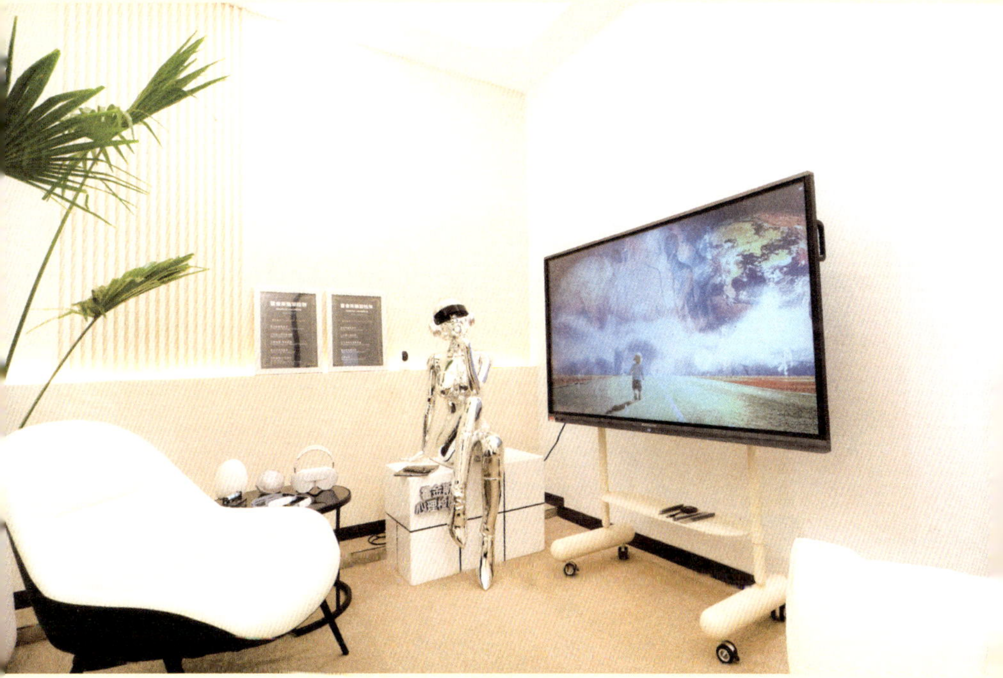

六 老年人心理案例

1 抑郁

咨询师子琪

咨询师的妈妈。

访谈：今年7月19日到8月份，咨询师几次回去看母亲的时候，总向咨询师倾诉，说着说着就哭起来，说了几次，人间太苦了，让去世的外公外婆把她带走，咨询师很害怕，想给她做回溯催眠，结果没做成。因为老家条件不具备，家里灯光太亮，可点蜡烛，空调又总是给吹灭，不开空调又热的受不了，回溯催眠只进行了开头，妈妈就不做了。

操作过程：

8月16日，妈妈说肚子疼得厉害。

母亲说昨天又开始疼了，三调放松后。

母亲：我看到有很多毒针扎在肚子里，一排毒针，是我师父给我施的毒针。

咨询师：为什么？

母亲：师父说人间太苦，想要带我走。

咨询师：你自己想法呢？想不想离开人间。

母亲：不想，放不下家人，你和妹妹，亲人。

咨询师：那就好啊，你自己不觉得苦，自己想留在人间陪伴亲人，你就按照自己的心意去活，就好了。

母亲同意了。

后面咨询师问她，愿不愿意拔掉毒针，好好活着。她说愿意。咨询师就让她自己想办法拔掉毒针。

她闭着眼睛，用手拔掉毒针，扔在一边（她的手一直做着在肚子上拔掉毒针的动作，拔了好一会儿）。拔完后，消毒伤口。最后把毒针消毒打包放白云上飘走了。

疗效以及来访者反馈：

母亲反馈做完小白云疗愈后肚子就不疼了，最主要是这两个月，她的心情状态都挺好，再也没有说过要离开人间的话了。感恩小白云技术，帮到了母亲。

2 不开心

咨询师张楠楠

女士，75岁，退休工人。因为不开心的事，让心里很堵，喘不上气。

来访者要处理的症状和影响值。

症状：心里堵。症状影响度：7～8分。

身心息放松环节：2次身心息放松，第1次感觉不到心锚，第2次放松后感觉到心锚，并进行了后面的进程。

心锚具象特征：像一团雾气在胸口，灰色的，有一个大气球大小，没有气味，正常温度。

心锚的取出及清理：靠自己呼气，把心锚一点点呼出体外，但是呼出后又有雾气冒出，用胶把心里封上，不再有雾气。

确认的白云特征：正常大小，很美的白色云朵。

白云阶段状态：把呼出的雾气打包放在白云上，共移动12次，移动顺利。

1～5米：正常大小。

5～8米：苹果大。

8～10米：又小一点。

10～15米：又小一点。

15～18米：又小一点。

18～20米：很模糊了。

20 ～ 25 米：看不见。

25 ～ 30 米：彻底看不见了。在的空里静静地待一会儿。

疗效以及来访者反馈后测分值：症状影响度为 4 分。

技术总结

来访者还算配合较好，还会时不时有不开心的感觉冒出来，这种情况在访谈时多做功课深入了解。应该一周后再做一次小白云疗愈，会更有疗效。

3 术后疼痛，焦虑，多梦

咨询师小土豆

女士，62 岁，执业物业经理。做完胃肠息肉手术 2 个多月，她说比做手术前还难受，腹部就像有砂纸不停地打磨，难以忍受的疼痛、浑身没劲、焦虑、多梦、觉少、每天只能睡 4 ～ 5 个小时。

访谈：咨询师首先向她介绍了小白云技术是通过放松、使用意念使身心物统一，跟随咨询师的引导用意念将体内废物垃圾及身体不适排出……

来访者要处理的症状和影响值。

症状：术后疼痛。症状影响度：8 分。

身心息放松环节：来访者闭眼放松，意识集中在呼吸，体会呼吸，呼出不适，把意识集中在身体不舒服的地方，将全身的毛孔打开，呼出体内废物垃圾，感受身体的舒服，停留 1 ～ 2 分钟，睁开眼。询问来访者身体的感觉，她回答很舒服，疼痛减轻，疼痛分降到 3 分。

心锚具象特征：腹部有个拇指大的瘪气球一样的软肉，新鲜、柔软、鲜红，没有味道。

心锚的取出及清理：引导来访者将它清理掉，来访者尝试了吹气、吸气、用手抓取、用工具清除，但都没有成功，最后用粉碎机粉碎的方式清除，清除得非常缓慢，一点点地清除，用了 5 ～ 6 分钟还剩 30%，清除后的病肉就像粉末一样飘散开；身体不断地排气打嗝；来访者用消炎的方式清理创口鲜肉，清理得很干净。

确认的白云特征：不规则云朵，中等厚度，粉色。

白云阶段状态：引导来访者将粉碎的病灶放到白云上包裹起来，移到眼前，向前移 10 米，20 米，变小。问她多少距离就看不到？来访者回答是 50 米。返回到 15 米，20 米，变小。25 米变小了，30 米变小，40 米模糊看不到了。50 米感受不到了，45 米，55 米，完全感受不到了。心里也感受不到了。在感受不到的空里停留一会儿，让来访者慢慢睁开眼。

疗效以及来访者反馈后测分值：症状影响度为 0 分。来访者站起来走了走，不难受了。活动时一直在排气，腰腹部都是热的有汗，她说特别好，很轻松舒服。

技术总结

来访者来的时候表现得很焦虑，在访谈来访者环节，以聊天的方式尽可能让她放松，咨询师的面部表情和语调，说话内容的正向引导都会影响她的状态。来访者的信任和想解决目前状况的迫切也是疗效的关键。

第五章

chapter five

带领读者走进自己的内心，疗愈情绪和身体，

活出一个喜悦富足的自己。

操作答疑

问： 什么时候用小白云身心疗愈法，能达到什么效果？

答： 随时可以用，没有限制。用小白云疗愈法可以解决来访者当下一些不好的感受，或者是具体的身心症状，比如说疼痛或着坏情绪。小白云疗愈比较精准，它的效果有点像针刺，扎准穴位病情缓解。

问： 小白云身心疗愈法适合什么群体使用？

答： 没有界限，没有限制。它就是一个经典的快速疗愈术。没有玄妙的东西，很简单，很方便，是一个解决问题的有效工具。就像中医里的心理科，通过身心清理让你的症状消除。

问： 朵朵开的课程和美国量子疗愈催眠技术中国区总代理的课程有区别吗？

答： 有的，因为我本身学过这个美国的量催，我把学到的基础知识和我实践的经验融合在一起，形成了朵朵开身心平台的回溯催眠课程。

但小白云疗愈不属于这个范畴，它是另外的体系。催眠只是它的承载形式，内涵还是东方传统文化的成果转化。

问： 空间幽闭症能用小白云疗愈吗？

答： 可以，大家学习了就知道，小白云疗愈没有任何限制条件，所有人都可以尝试，所有问题都会获得不同程度的减轻或者消除。小白云疗愈有非常好的自我疗愈的功效。在浩瀚的知识中学习一两种经典的方法，并把它使用熟练，在生活中一定是能落地的、应用的。

问： 小白云疗愈是只给来访者做吗？自己可以用吗？

答： 小白云疗愈的方法可以自己用，也可以给别人用。自己用既可以疗愈又可以当做意识与潜意识平衡谐调的锻炼方法。

问：小白云技术是怎么创造的？

答：规律都不是被创造的，它只是被发现和总结。

小白云技术最初源于潜意识给的答案，在书里面有讲述，有的来访者在身心创伤的时候，咨询师引导他去观想把自己的身心创伤放到小白云上，让小白云带着这些创伤漂移离开，这个创伤就解决了。其实小白云技术和催眠术很相似，所以带着这个灵感，我结合了很多其他的疗愈方法一直在做尝试，当越来越多的人反馈都是有效的，不同程度的有效率高达 92%，这个结果受益于多年磨练的基础催眠技术，以及催眠中潜意识的灵感。技术层面加上高维，就产生了现在的小白云身心疗愈。它的出现有很巧合的机缘。假如同学们想独立开工作室或者更有信心地投身心理咨询行业，它的效果确实会创造很好的市场口碑。

问：厌学可以用吗？可以帮助与原生家庭的和解吗？

答：厌学非常好用，这些都试过。复杂的家庭系统问题也可以使用小白云疗愈进行家庭治疗。

问：类似于冥想吗？

答： 其实这个系列没法说它属于冥想，还是属于什么，它可以归为催眠大类别里的一种操作方法。

问：能举出具体的例子来解释小白云疗愈吗？

答： 可以，比如刚来上课的张博士，他只是在我旁边，看见我做线上咨询操作，就在旁边听了听。张博士来的时候一直脚脖子疼，走路有时一瘸一拐的，回去时在出租车上他自己就用小白云疗愈把疼痛移走了。他说真的好奇怪，疼了两个月，就用这个方法，处理的过程中还出汗了，疼痛一点就都没有了。其实他只学会了五六分，因为他只是在旁边看着我在线上做咨询，并不了解更多的细节，但是他自己静下心来坐出租车的时候，把这个问题就解决了。所以小白云疗愈很容易学而且有效。

问：有年龄限制吗？可以给小孩子做小白云疗愈吗？

答： 没有年龄的限制。可以给小孩子做，尤其对小孩子效果更显著。只要小孩子能理解你的话就可以，对待小孩子就像做游戏一样，没有任何限制，非常简单。

问：近视眼能用小白云疗愈吗？

答： 会有缓解，但是应该不是一次能够解决，这个得经常的训练，经常的练习。近视眼的人做完小白云疗愈之后，眼睛会有很清澈、很明亮的感觉，具体降低的度数要根据你在操作过程的配合。跟催眠有点像，跟配合度有很大关系。但是一定会有改善。

问：小白云疗愈可以连接潜意识吗？

答： 如果用精准的脑波检测，是在 α 脑波和 θ 脑波之间，偶尔脑波会出现连接潜意识状态。

问：没有安全感可以吗？治疗一次就永久解决问题了吗？

答： 如果治疗一次没有永久解决问题，你就再多做几次，肯定会解决问题的。每个人情况不同，不是全部都能一次解决问题，越小的孩子解决问题的效果越好，还有就是你本身有冥想、催眠的体验，就很容易理解，会配合的非常好。

而且也分疾病的种类，有些疾病是一次性就能解决。所以大家尝试一下，只要方向是对的，是在逐步减轻并去除的过程中，几次就不是很重要了，这个症状肯定越来越轻。我曾经认为会一次性永久解决，但是现在不能说的这么绝对，因为确实有些疾病很复杂，一次只是减轻，并不是根治。

问：对于失眠抑郁，小白云疗愈和回溯催眠哪个更好用？

答：如果单纯是为了疗愈，就只是想解决失眠、抑郁，我当然觉得小白云疗愈更适合，它节省时间、简单方便，不需要去深度理解。如果是简单的处理负性症状，那用小白云疗愈是非常合适的。

问：做完会有明显的感受吗？

答：当然，这个技术如果没有明显的效果，何必如此费力推广传播呢。它的生命力、它的价值就是因为它有明显的感受变化。

问：这是移空技术吗？

答：有相像之处，在研发过程中我也深受移空形式与步骤的启发，小白云疗愈汲取了各种方法的精粹，但实是求是的讲，小白云疗愈确实是来自于催眠潜意识答案的一个传讯。

问：学会小白云疗愈就能与潜意识建立顺畅的连接吗？

答：这不是目的，它可能出现了这么个结果：与潜意识建立顺畅的连接，但是它的目的是解决当下困扰来访者的身心问题。这个不是练习与潜意识连接的方法。

问：零基础可以学吗？

答：可以的，你学了小白云疗愈，其实你就懂得了催眠的一些原理。催眠就是意识放松、专注，积极引导、暗示。基础没有练习重要，技能的提升更注重经验积累，把这个方法使得越纯熟，越会有很好的效果。

问：给自己做可以吗？

答：当然可以，非常好用。它可以让意识和潜意识更加平衡和谐，增加想象力、抽象思维能力、具象思维能力。

问：做之前，需要练功吗？

答：不需要，它很安全，它是简单的一个技术。

问: 可以治愈疾病吗?

答: 不能这样表达，治愈疾病是专业医院的事情，因为卫生法对治疗疾病是有管控的。小白云技术可以让人从不舒服的状态变得舒服，让人的身心问题不见了。

问: 实操中如果遇到困难，可以得到老师的指导吗?

答: 可以的，我们有助教，有学习交流群，可以把你的问题放到群里，有助教老师解答。

问: 可以帮助减肥吗?

答: 可以。我说了很多可以，不用区分各种类别的名称，只要明白这是一个原理，使用意识心灵能量。其实没有限制说哪件事可以用心灵能量解决，哪件事不可以。它不是万能的，还是要看来访者的意愿与配合度，启动了多少意识能量来决定的。但是我们用这个方法，多多少少都会帮助到正在痛苦中的这部分人。

问: 癫痫病用催眠还是小白云疗愈?

答: 癫痫病可以催眠试一试。这两个方法都可以试，如果不深入了解这个病人当下的状态，是不是能够配合、接受和理解这个信念。这个并不太容易给建议，这需要很综合的因素，就像自闭症，我以为自闭症都是一种，后来通过我们线下更多的案例，才知道自闭症有那么多种，甚至自闭症患者的一些表现都是相反。所以你会了这些方法，可以去试，在不同程度上对患者会有帮助的。

问：小白云疗愈可以线上做吗？

答：可以，因为它不像回溯催眠那么深，它不是一个深度催眠，可以线上操作。

问：孩子长青春痘，做小白云疗愈可以改善吗？

答：我用催眠做过两例孩子长青春痘，有很好的效果。小白云疗愈当然也可以，对雀斑肿痛各种皮肤问题都很有帮助。

问：糖尿病能改善吗？

答：糖尿病的症状是可以改善的，我们要理解，做小白云疗愈不是消灭了这个病名，而是逐一地缓解患者的症状。例如：浮肿少了，不乏力了，心慌解决了，慢慢地身体整体就逆转了。

问： 以后可以研究一套专门用于精神病患者的催眠方法吗？

答： 小白云疗愈可以帮助到精神病患者，这样的来访者我接待过，有效。

问： 小白云疗愈是针对青少年的吗？

答： 它不是青少年专用的，但它对青少年非常有效。因为青少年使用心灵能量的能力比大人强，他们的想象力和意识能量都很强，所以小孩使用这些方法都非常有效。但是回溯催眠不太适合青少年，它的内容需要一定生活积累，青少年还没有太多生活经验。

问： 频繁的使用小白云技术，对咨询师的能量会有损耗吗？

答： 一点都不会，无论对咨询师还是来访者都是一种好的、积极的能量调整，一种增加智慧和提升认知经验的途径。

问： 人的皮肤差可以改善吗？

答： 当然。美容是催眠里面特别经典的一个项目，你只要学习使用意识能量，无论是什么方法都会对美容有帮助。现在很多小孩、青少年都知道这个方法，每天自己照镜子，自我暗示想象自己鼻子变高，眼睛变大。很多有灵性的小孩，他们的容貌都有改善，很多明星也在公众媒体上分享过相关内容。

问：选择结婚对象可以催眠吗？

答：选择结婚对象可以催眠，通过潜意识得到更清晰笃定的答案，最简便的方法是测个婚恋脑波。咱们朵朵开平台就能解决，通过脑波测试性格，可以看看两个人的匹配度，是不是能够长久在一起。

问：孩子胆小，说话口吃肯定能治疗吗？

答：肯定对他会有帮助。这个我不敢说100%肯定能治疗，从原理和大量的案例上，我觉得是非常乐观的，但是并不是每一种案例我都操作过。小白云疗愈是让人进入放松的 α 脑波状态。这是我们很需要的。比如孩子学习的焦虑，生活的各种紧张、扭曲，小白云疗愈能快速把它们清理，对于孩子们的各种习惯纠偏是非常好用的。

问：做一次小云大概多长时间呢？

答：半小时至一小时。

问：治疗近视眼回溯好还是小白云疗愈好？

答：我觉得没太大区别，就看你喜欢哪种方式。回溯催眠比较深刻，比较有趣。小白云疗愈就很实用。按自己的感觉去选择。

问：如果遇到身心问题用小白云疗愈还是催眠解决？

答：使用小白云和催眠是不矛盾的，它们不在一个状态里，也不是一个性质。小白云疗愈可以当成你每天的一个养生保健。催眠耗费的时间、精力有点多，价格也偏高。你催眠一次之后，你要听录音来解决，但是小白云疗愈是可以每天自己操作。

问：小白云疗愈是靠潜意识解决问题吗？如果不是，靠的是什么力量呢？

答：这怎么定义呢？小白云疗愈靠是使用自己心灵的能量、意识的力量，根本上是调动自身能量调整出健康的身心状态。操作中偶尔会有潜意识的脑波状态，每一个学派都有对潜意识的不同解读。我觉得不要用概念去限制它，它就是一种人放松状态下的自愈功能的开启。

问： 怎么区分意识和潜意识呢？

答： 其实我们也在这方面想有更多精准的定义来答疑，所以我们也请了脑波专家，最近一直都在做这些事儿，在脑波检测里面，它是有两条很鲜明的波——θ 脑波和 β 脑波的表达。如果用规律说，就是当你进入恍惚态，什么都不想，放松下来，你的潜意识就出现了。其实很简单，少想点，少点杂念，少点算计和思考，你的潜意识就会连接的更好。

问： 还没有学过任何催眠课程，请问适合学习小白云疗愈吗？

答： 如果你已经学了催眠课程，学小白云疗愈是很简单的事。特别容易学习，如果你没有也可以从头学。差别就是学过催眠会有基础，理解或者操作小白云疗愈时会相对简单。

问：小白云疗愈和回溯催眠的区别在哪？

答：小白云疗愈是用催眠做外在形式，内核还是中华传统文化。回溯催眠是一个专业的深度意识开放状态，它们两个是不一样的技术，但是是在一个大的范畴里。

问：小白云疗愈可以和塔罗结合分析事情吗？

答：不可以，小白云疗愈和塔罗没有关联性。

问：抑郁症可以使用小白云疗愈吗？

答：当然，这个技术尤其对这些抑郁、焦虑、强迫都有很好的效果。

问：学理工的接受催眠很难是吗？

答：不是的，我们的学员里边很多都是学理工的，去年我做过的案例中也有纯粹的理工男，他们反而能快速稳定地进入催眠态，说明他们的右脑功能也很发达很强。这些人给我留下很深刻的印象，并不是学理工的就是左脑强，右脑弱，有可能他们的左脑右脑都很强。

问：可以帮助疏通脉轮吗？

答：可以，如果你的主观感受是脉轮堵了，你就可以用小白云疗愈疏通。

问：老师的各种课程，除了催眠还教什么内容？能简单介绍下吗？

答：还有静坐。我觉得我们静坐已经经过了一批一批的学员的验证，简单安全。静功很枯燥，只有好的方式方法才能坚持下去，突破卡点。

问：53岁了，可以学习催眠吗？

答：可以，年龄不受限制，其实年龄越大，你的人生经历越丰富，反而对学习这些还是有加分的，有助力的。

问：疑难杂症能用小白云清理课程吗？

答：我们其实每次都涉及到这些重复的话题。我们正在让工作人员，把大家共同关注的问题全部剪辑在一块儿，然后我们放到免费课程里，大家可以看一看。

问： 小白云疗愈和回溯催眠是两个不同的体系吗？

答： 是的。像同一原材料的两个不同表达，例如，一份面粉做出了面包与花卷。

问： 催眠是认识到问题本质还是解决问题？

答： 都包括，你这问题说的很好。潜意识的智慧既让你增加认识问题本质的能力，还能够解决你的问题。

问： 爱情的课程可以开发一下。

答： 基础都是一样的，你学会使用心灵能量，学会使用意识能量。我觉得这些分类都是表面的不同，爱情也好，财富也好，其实都是一回事。本质都是能量问题，学会使用心灵能量，增强你的信念，熟练的掌握操作方法，才能举一反三。

问： 要想身体通畅，应该学哪个比较好？

答： 学哪个都行，回溯催眠和小白云疗愈都行。但是你光靠学习，光靠意识能量，也是有局限的，自己健身、调理也很重要。你从意识能量解决一部分，再从物质身体解决一部分，那不效果更好吗？

问：小白云疗愈可以一天做多个吗？

答：可以呀。当然可以，你至少一天做两三个是没问题的，因为它非常简单，正常一个小时之内就结束了，时间精力都可以支持。

问：怎么提高操作水平？

答：它是一个越用越好用的方法，就是你得熟练掌握它，而且你自己得有这种信心，就是你能够解决这个问题，有些咨询师自己没有信心，遇到什么事就害怕，对自己掌握的这个技术不自信。自信是一种良性互动，你越做你越自信，越多的反馈越增长你的自信，增强你的技能水平。

问：参加了四月份的脑波课，太有意义了，挺有趣。

答：这个是超值的，脑波的测评市场价格挺高的。线下活动是精挑细选的。这个课会对你整体的知识体系做一个连接，知道了回溯催眠和小白云疗愈的原理。通过科学讲解一些原理的现象，那你在以后输出时，你的知识体系也会更严密。

问：学完小白云疗愈，可以不用再学别的了？

答：如果只学小白云疗愈也可以，就是浅尝辄止。在这个大的方向上，你会了一个方法，不学别的也没关系，条条大路通罗马，你只要是在去罗马的路上，一招足矣，一招鲜也可以吃遍天。

问：可以给宠物催眠吗？

答：可以啊，我们的小冉老师、喜萌老师就很擅长这个，生活中也经常跟小动物沟通，万物皆有灵，它们确实能懂你要传递的这个能量信息，如果你能放下自己融入更大的空间，也可以去感受它们的信息。

问：有催眠近视眼患者康复的案例吗？

答：催眠过不是完全的康复，在课程里我分享过，一位双眼都 1200 度近视的患者，我在第一次给他做完小白云疗愈后的三个月之后回访他，他是一只眼睛降到 900 度，另一只眼睛降到 300 度，后来我没再跟进。近视改善是有的，但是还没有人说我可以完全摘掉眼镜了，这跟什么有关系呢？跟他的限制有关系，首先他自己就不相信，一次催眠就可以摘掉眼镜。这个效果真的是跟信念有关系的。所以催眠永远是一个双向的配合。

问：孩子 18 岁有精分（精神分裂），想问学习催眠疗愈可以帮助到孩子吗？

答：可以的。其实可以这么理解，孩子的问题投射的是家长自己内在的问题，如果把自身内在问题解决了，外面的情境都会有变化，这只是其中的一个层面。还有就是家长是不是真的能够上升一个维度，去看清楚人间“游乐场”的各种游戏规则，这样就会解脱一些烦恼。各种可能都会有，看你目标是什么。

问：咨询师必须要有入禅定的能力吗？

答：咨询师不是必须有入禅境的能力，但是如果你想成为一个好的咨询师，或者你想体验一个好的生活状态，那当然有这个能力对你的生命来说，意义是不一样的。

问：催眠能看到另一个空间的画面，潜意识催眠不出来是怎么回事？

答：这些问题，大家在实践当中慢慢总结，因为这么浅表的一句话，我根本不能给一个标准的答案。因为你访谈、引导语言、语速、节奏，等等问题，是一个综合的考量。我并不知道完整的信息，在你的案例当中潜意识不出来是什么情况。所以我觉得要继续学习，上督导课。督导课中大家会解构案例细节，线下高阶课也可以让大家有质的飞跃，通过那么多同学交流积累经验。

问：学习了小白云疗愈可以帮助 14 岁的孩子解决青春期的问题吗？

答： 非常可以，小孩子很有效。

问：自己感觉很难被催眠，所以想以身试试学习心理咨询师的课程。

答： 这是求知的好习惯，肯定会得到丰厚的回报，因为带着这种心态学习才能学好。

问：小白云疗愈适合什么样的人？

答： 适合在生活当中有负性情绪和负性感受的，比如说腰疼、头痛，身体有哪些疼痛问题。包括长辈亲人的感受问题，比如说心里堵、抑郁、焦虑都是可以的。

问：在观察呼吸和观察痛处时就疗愈了吗？

答：是的，特别是把注意力集中在疼痛的部位上。用我们小白云疗愈的方法关注它、关照它、感受它，效果就会很好。同时运用小白云技术清理掉，就会达到更理想的状态。

问：催眠时无法进入催眠状态怎么办？

答：进入不了状态，可能是不放松，有时候会出现小我的意识干预，这个时候要让自己的身体再放松些，让自己的头脑也放松，会好很多，会更快地进入到催眠态。

问：潜意识是每个人自己专属的吗？还是同一个人每次催眠出来的潜意识不一样，每个人的潜意识是不固定的？

答：它很难定义的，就像我们定义一个人，他在不同状态下有不同的性格，不同的能量。那潜意识也是在你不同的心念下，不同的频率里，比如你最近这几天状态很好，精气神饱满，那你的潜意识可能也非常给力，它的特点和你当下的状态很匹配，就是像一个杠杆一样。但是如果当下你的心境很不好，或者你认知封锁在哪个卡点里，潜意识也是在过关，会给你一些卡点。

潜意识是每个人自己的专属，一般是进入到你自己的信息系统里读取你需要的信息，然后找到匹配的回溯画面和答案。偶尔也会进入到超越你信息的更大的集体潜意识中，但是如果你自己的小我很主导，状态很不好，可能会干扰催眠。这种情况就是自己的信息也是模糊和破损的，那就并不是一次催眠就完全可以解决的，但也算是小程度的助力。所以首先我们不去定义这个潜意识，潜意识一定是你自己的，这是没错的，但是它是不固定的，是根据自身状态的变化而变化。

问：潜意识出不来是怎么回事？

答：潜意识出不来的原因有很多，和来访者的信念状态有关，和咨询师经验不够多也有关系，随着经验技术的成长，咨询师会有更多的感知能力解决潜在的问题，咨询师技术越娴熟，潜意识出不来的可能性就越小。当然并不是所有潜意识都会出来，跟来访者的小我状态相关，跟来访者的信念系统相关。在访谈的时候解决信念系统的问题，在催眠的时候解决小我干扰的问题，把这些状况都解决掉了。

问：老年痴呆能用小白云疗愈吗？

答：如果还能理解你的话，能够听懂你的话就可以。

问：用小白云疗愈帮助十岁孩子减肥，孩子心锚呈现的是从体重上引导还是从食量上引导？

答：这个是需要深入学习的技术了，两个切入点都可以，要了解孩子生活当中肥胖的主要的原因。比如说他饮食太多，食量太旺盛，那就要引导他去感受在饿的时候哪里难受，把这个难受的感觉给他移除掉了，他对食物的需求就没那么强烈，就恢复正常了，那他减肥就会很好。

比如有些肥胖是伴随着负面情绪，就是要了解他心里怎么想，他接受不接受这个胖，如果不接受，那他有什么样不舒服的感受，把这个不舒服的感受给移除，也能让身体恢复平衡。这个我觉得不是一句两句能说清的，太多种情况了，也有很多种处理方法，还是要系统地学习。

问：学习小白云疗愈需要有什么条件吗？

答：喜欢，喜欢生命科学，喜欢疗愈他人，喜欢做这个行业。其他没有什么条件。

问：20 多岁的焦虑症适合哪种催眠方式？

答：都可以，看自己个人意愿。小白云疗愈能很快解决，但不问来处。也可以做回溯催眠，20 多岁完全能理解了，可以深度解决一下他焦虑的根源是什么。

问：催眠中出现的潜意识跟禅定有什么区别？

答： 都是概念，这很难说催眠中的潜意识跟禅定的同与不同，因为每一个人心里有一个不同的禅定的答案和标准。但是催眠中的潜意识就是我们说的高我智慧，它是在一种集体潜意识，它是超越自我智慧的属性。这种属性和禅定有什么区别？这个不好用精准的语言置换。

问：日常可以和潜意识沟通吗？

答： 和潜意识沟通，我真觉得不是一个刻意的行为，当刻意的非要跟一个潜意识沟通的时候，可能走偏了，我觉得是放下小我的那个瞬间，其实就是和潜意识在一起了。

问：小白云疗愈可以治疗骨裂吗？

答： 可以试试，能够减轻痛苦和消除一些症状。加快骨头的愈合，因为激活了自身的免疫力，增强了自愈力。

问：催眠过强迫症吗？是什么原因？可不可以关注强迫症？

答：强迫症是催眠过的，和平时的案例一样对待。其实是病的名字不一样，病的原理都是没有正确理解你的生命，生活当中受到了什么事件或者什么情绪的影响，堵了，这个病就到了你最薄弱的环节。我是这么理解的，所以我觉得病名都不重要。

问：做催眠需要训练声音吗？

答：当然，如果你的声音能够训练的很轻柔，很专业，那一定是对催眠操作是加分的。

问：潜意识一直都在，是不是？只是我们在醒的时候不能分辨是潜意识的意图还是小我的意图，人醒的时候是混淆的对不对？

答：当小我非常重的时候，就会失去和潜意识的连接。当你状态很好，是有爱的状态，无私的状态，各种好的状态里，那时候都是有潜意识的，同时你的 θ 脑波都会增高。

问：是不是愿意帮助他人，是做好催眠的首要条件？

答：是必要条件，不是首要条件。有这个意愿，会学习的很认真，很努力而且践行的时候，会很有爱。但是不仅仅如此，你还要学会很多东西，除了帮助他人，你的基本素质都要均衡，才能做好一个咨询师。

问：被催眠怎么样才算是成功了？怎么放下小我？

答：被催眠的时候。咨询师做的就是让你放下小我，咨询师通过专业技术，让你在催眠的状态下放下小我，这时候你的潜意识就出现了，他会给你最本质的、最智慧的答案和疗愈。

问：为什么我们看催眠视频进不了状态？

答：我们有 21 天的集体催眠的音频，没有视频，如果你晚上静下来听一听，是可以进入状态的，大多数人都能够通过音频进入状态。

问：怎么给自己催眠？

答：自我催眠是浅层催眠。最好经过专业培训，如果是回溯催眠，一定要有咨询师的操作，不可以自己给自己催。

问：潜意识是动物是怎么回事？

答：潜意识不可能是动物，或者任何有形有象的存在，它是一个没有具象的一个能量，如果说潜意识是动物，这是自己技术操作的问题。

问：来访者是乳腺癌患者，请求催眠，我可以给他做催眠吗？我个人很想帮助他。

答：可以，你不用觉得他得了多重的病，就需要我们额外做什么。平常心，像一个正常的来访者一样对待他就可以。

问：催眠就是催眠小我，释放潜意识和高我吗？

答：催眠就是重新的校对你的频率，把错误使用身体的这些能量关闭一下，重新开启一个正确的导航。因为方向感偏差了，所以生活中出现了一些问题，身体的、事业的，关系的。那我们通过关闭这个旧的系统重新再导航，找到一条正确的，顺畅的新方向。这个方向不是小我给到的，不是从自己的角度出发的。这对你的生活会带来很彻底的改变，催眠是有这个功效的。

问： 如果不需要疗愈，催眠的意义还大吗？

答： 我看大家问的最多的都是疗愈，疗愈方面的需求还是比较多，疗愈比较直接务实。通常只要是心理出现某些问题，肯定会在身体上表现出来。身体的问题也同样影响着心理。所以身心完全没偏差的人太少了，完全身心健康的人太罕见了。所以我们可以借助催眠去了解自己的身心状态，很多时候越是说没问题的人在催眠中情绪释放越强烈，更多时候身心问题只是被压抑和逃避掩盖了。

问： 重度抑郁快十年了，想学催眠。

答： 对，要自救，要勇敢地走出来找方法。凡事有一煞，必有一解。调整自己身心能量状态，总会找到适合你的方法。还有可以操作小白云疗愈，小白云技术学习起来很快。你学会了，每天都做，改变是很快的。

现在焦虑、强迫、失眠者很多，发病率在提升，可能跟这个大气候、大环境、繁杂的信息传递互相影响有关。

通过小白云疗愈调节这些问题是非常快，非常有效的。这是一种浅表的能量卡点，这个卡点一通了，整个人就换了一个状态。好多 21 天的学员都说没催眠，怎么听着听着课问题就没了。观念一变，能量就变了，不需要催眠，也能够解决问题。你觉得生活当中很大的事把你给卡住了，当你提升维度了，你就觉得那是一件很小的事儿。

问：想学习催眠，感觉自己知识面比较窄，能做好咨询师吗？

答：对自己要有信心，知识都是学出来的，谁也不是天生就有的，只要下决心，什么时候学习也不晚。

问：小白云疗愈可以把潜意识调动出来吗？

答：它不是调动潜意识，跟回溯催眠不是一回事。它是一种润物细无声的，没有一个形式上的分水岭，不划分哪部分是表意识，哪部分是潜意识，它是不知不觉地把整个意识能量深入调整，最后，就把你的问题处理掉了。

问：潜意识疗愈的很好，但是来访者过后还加重了，是什么原因呢？

答：这个要看在什么时间段，比如在一个月之内他加重了，其实是在调整病。有点中医理论的都知道中医治病，它会有一个冥旋反应，疗愈会首先触动这个病，让这个病产生一种反应，叫翻病，我们打坐也是一个阶段，一个阶段一个阶段地翻，比如很小时候一个疹子早就好了，突然在打坐的状态里出现了，这个很有可能。从原理上说不可能加重，我们做一次整体的身心放松，只会对他的疗愈修复有帮助，绝不会起反作用。可能会无效，就是做的不好，或者患者不接受，但绝不会加重，这个我们要有数。

问：请解释一下回溯。

答：回溯从哪个角度解释呢？我们在进入放松状态以后，它自动呈现的一些你的记忆，这个记忆有可能是你当下的，有可能是我们不知道的那部分无形的信息，所以他不知道是从哪个角度解释。每个人的回溯都是匹配他的问题来的，大家没有一模一样的回溯，每个人都是根据自己当下的能量来呈现它的回溯内容。

问：大一学生有社恐，不适应学校生活要休学，用小白云方法还是回溯催眠方式，效果怎么样？催眠几次能起作用？

答：如果他接受，配合的好，一次就起作用的，不需要几次，所以说这里面有前提条件，就是他自己要不要解决，他自己是不是配合的。如果是，可以解决。当然也可以用小白云解决，他卡在哪了，哪里不舒服，把他的不舒服给清理掉。他对这件事的定义，他对这个事儿的感受变了，这困难就克服了。

问：能否可以理解为学习小白云疗愈，先疗愈自己，再学习疗愈别人？

答：也并不是这样一个直接的关系，学习小白云疗愈，是对意识能量操作的一个入门，比较浅显直观。因为如果进入到回溯催眠信息量很大，我们要理解吸收消化很多的信息，才能够驾驭好回溯催眠，由小白云疗愈进入的好处是从浅入深，但是假如从 21 天催眠课程回过头来再学小白云疗愈，那学习特别省力，很容易掌握操作方法，而且能操作得很好。